海老年教育

老年人
触手可及的
AI新科技

LAONIANREN
CHUSHOUKEJI DE
AI XINKEJI

U0172641

上海教育出版社
SHANGHAI EDUCATIONAL
PUBLISHING HOUSE

本书作者

王晓萍　朱东来

教材之于教育，如根之于树。上海市老年教育推荐用书就是坚守这样一份初心，通过一批又一批的优秀教材，让老年教育这棵大树向下扎根、向上生长。

多年以来，在上海市学习型社会建设与终身教育促进委员会办公室、上海市教委终身教育处和上海市老年教育工作小组办公室的指导下，由上海市老年教育教材研发中心牵头，联合有关单位和专家共同研发了系列上海市老年教育推荐用书。该系列用书秉承传承、规范、创新的原则，以国家意志为引领，聚焦地域特色，凸显新时代中国特色、上海特点，旨在打造老年教育精品化、优质化学习资源，引领并满足老年人的精神文化需求。

于细微处见知著，于无声处听惊雷。本次出版的推荐用书，紧跟新时代步伐，开拓创新，积极回应老年人新的学习需求，旨在培养"肩上有担当"的新时代有进步的老年人。推荐用书的主题既包含老年人智慧生活、老年人触手可及的 AI 新科技等时代热点和社会关注点，也包含老年人权益保障、老年人心理保健、四季养生、茶乐园、家居艺术插花、合理用药等围绕老年人品质生活需求的内容。推荐用书的呈现形式以老年人学为中心，在内容凝练的前提下，强调基础实用，又不失前沿与引领；强调简明扼要、通俗易懂，又不失深刻与系统。与此同时，充分利用现代信息技术和多媒体手段，配套建设推荐用书的电子书、有声读物、学习课件、微课等多种数字学习资源；更新迭代"指尖上的老年教育"微信公众号的教育服务功能，打造线上线下"双向"灵活多样的学习方式，多途径构建泛在可选的老年学习环境。

编写一套好的教材是教育的基础工程。回首推荐用书的研发之路，我们这个基础打得可谓坚实而牢固。系列推荐用书不仅进一步深化了老年教育的内涵发展，更为老年人提供了高质量的学习资源服务，让他们在学习中养老，提高生命质量与幸福感，进而提升城市软实力，助力学习型城市建设。

点点星光汇聚成璀璨星河。本套上海市老年教育推荐用书凝聚了无数人的心血，有各级领导、专家的悉心指导，有老年教育同行的出谋划策，还有所有为本次推荐用书的出版作出努力和贡献的老师，在此一并感谢。

以书为灯，在书中寻找答案，在书中发现自己，在书中汲取力量，照亮老年教育发展之路……

上海市老年教育教材研发中心

2023 年 9 月

编者的话

随着我国人口老龄化程度不断加深和智能化时代的到来，如何让占据中国人口近五分之一的"银发族"不被数字鸿沟阻隔在时代的另一端，成了当前社会各界关注的热点话题。

2022年2月，国家《"十四五"数字经济发展规划》提出"打造智慧共享的新型数字生活，创新发展'云生活'服务，深化人工智能、虚拟现实、8K高清视频等技术的融合，拓展社交、购物、娱乐、展览等领域的应用，促进生活消费品质升级"以及"提升全民数字素养和技能，制定实施数字技能提升专项培训计划，提高老年人、残障人士等运用数字技术的能力，切实解决老年人、残障人士面临的困难"。为缩小时代发展带来的数字鸿沟，普及有关人工智能新技术的常识，我们策划、编写了这本《老年人触手可及的AI新科技》，旨在帮助老年人快速了解当今人工智能的基本知识和应用现状，从而更好地融入智慧共享的新型数字生活。

本书共分为四章，不仅深入浅出地介绍了人工智能的发展简史及日常生活中各种高科技场景背后的人工智能技术，还细致地介绍了老年人可主动体验的人工智能产品及服务和人工智能技术在各行各业中的应用。在写作风格上，本书力求贴近老年人的实际生活，语言生动，通俗易懂，融科学性、知识性、趣味性于一体；

在呈现形式上，本书图文并茂，符合老年人的认知规律和心理特点，尽量从熟悉的场景引入新知识、新技术和新应用。

"少而好学，如日出之阳；壮而好学，如日中之光；老而好学，如炳烛之明。炳烛之明，孰与昧行乎？"对老年人来说，学习新知识就像在黑暗中点燃蜡烛照明，烛光虽然微弱，也能照亮前路。希望老年朋友看完这本书后，能够了解更多与人工智能相关的知识，增加对新科技、新产品及新经济的兴趣，更好地融入智慧数字时代。

本书在编写时参考了多种中外史料及论著，限于篇幅和体裁，未能在书中一一注出，谨向这些作者和出版者表示衷心的谢忱。

编者

2023 年 4 月

目录

第四章　新闻里的人工智能

第一章
什么是人工智能

老李退休有几年了，他非常关注时事热点，不想与时代脱节，希望和年轻人有共同话题。一直热衷于学习新知识、新技能的他，发现最近几年报纸上、电视里、生活中、网络上都在说人工智能。那么，到底什么是人工智能呢？人工智能目前发展到什么程度了？人工智能会取代甚至控制人类吗？带着这些问题，老李报名了老年大学的人工智能课程，打算听一听老年大学马校长的介绍。

一、快速理解人工智能

"人工智能"从字面上理解，由两个词组成，一个是"人工"，一个是"智能"，英文单词是 Artificial Intelligence，首字母缩写就是我们熟悉的 AI。

第一个单词 artificial，意思是"人工的，人造的"，即通过人类活动创造出来的。比如浙江省著名景点千岛湖就是一个人工湖，它是 1960 年为建新安江水电站拦蓄新安江上游而成的水库，不是天然形成的湖泊。又如京杭大运河，它虽然已存在 2500 多年，但仍属于人工运河，和天然河流不同。我们听说过长江洪水、黄河泛滥，却从没听说过京杭大运河泛滥，因为它是由人工挖掘而成，不是天然水系自然流淌形成的。人工的事物和天然的事物虽然看起来相似，但本质是不同的。

1

千岛湖原名新安江水库，是我国最大的人工湖

第二个单词 intelligence，意思是"智能"。"智""能"合在一起，就是智力和能力的总和——"知道并且能够完成某事"。

科学家们为人工智能下过各种定义，但至今没有统一的名词解释。这主要是因为科学家们对"什么是智能"并没有达成共识，我们可以列举出若干行为或表现是"智能的"，但无法精确定义到底什么是"智能"。不过，大家普遍认同的是，人工智能是相对于人类智能或生物智能而言的，所以我们可以把"人工智能"简单地理解为人类试图用计算机来模拟人类或其他动物的智慧，从而代替人类或动物从事和完成某些任务。

"人工智能"一词出现的时间其实和老李出生的年份差不多。1956年夏天，在美国达特茅斯学院（美国东北部 8 所著名的常春藤大学之一）召开的一次科学研讨会上，"人工智能"这个词首次被公开提及，距离今天（2023 年）不过 67 年的历史。

当然，在此之前，人们就开始研究利用计算机实现人类智能的可能性了。可以说，人工智能的发展是伴随着计算机的发展而发展的。

1946 年，世界上第一台通用计算机 ENIAC 在美国宾夕法尼亚大学诞生，这台计算机用了 17500 支电子管（所以第一代计算机又被称为电子管计算机），占地面积 170 平方米，重达 30 吨，耗电量 174 千瓦，造价 48 万美金。为什么要造这

第一台通用计算机 ENIAC

台又贵又复杂的计算机呢？当时正值二战期间，武器设计极受重视，为了给美国军械试验提供准确、及时的弹道表（根据武器类型、弹头重量、海拔、风向、风速、发射俯仰角等多重因素计算弹头发射后不同距离的高度及速度，从而预判武器能够到达的位置），需要用到大量计算。ENIAC 的计算速度可以达到每秒 5000 次加法或 400 次乘法，虽然从现在看还不如一台高性能智能手机，但在当时已是手工计算的 1000 倍以上了。这台计算机也曾为美国原子弹的设计提供弹道计算方面的帮助。

随着计算机技术的发展，当时的科学家如图灵等人都开始研究计算机与智能的关系。1952 年，图灵编写了一个国际象棋程序，可当时没有一台计算机有足够的运算能力去执行这个程序，于是他模仿计算机与同事下了一盘，每走一步要花半小时，遗憾的是程序输了。后来，美国新墨西哥州洛斯阿拉莫斯国家实验室的研究组根据图灵的理论，在 ENIAC 上设计出世界上第一个国际象棋电脑程序——洛斯阿拉莫斯国际象棋，但当时这个象棋程序还是不敌优秀的人类棋手。

第一代电子管计算机（如 ENIAC）有显著的缺点，它平均每 7 分钟就要烧坏一支电子管，原因是电子管在高温、高压的情况下工作性能不够稳

定，可靠性非常差，这导致电子管计算机的工作效率较低。为了获取更高的稳定性，提升计算效率，科学家们开始寻找电子管的替代品。

第一台晶体管计算机 TRADIC

1954 年，世界上第一台晶体管计算机 TRADIC 在贝尔实验室诞生，我们称其为第二代计算机。它用晶体管代替电子管，体积大大缩小，耗电只有 100 瓦，可完成每秒 100 万次运算，计算速度远远快于第一代计算机。但这台晶体管计算机仍然存在一个问题：它有很多焊点，在高温和机械振动很强的情况下，性能还是不够稳定，可靠性也依然不佳。因此人们急需找到计算机制造的新技术和新的解决方案，进一步缩小计算机体积，提高其可靠性。

1964 年，世界上第一台集成电路计算机 IBM 360 在 IBM 公司诞生，被称为第三代计算机。与之前的计算机相比，这台计算机体积进一步缩小，其最大的特征是从以军用为主转变为以民用为主。

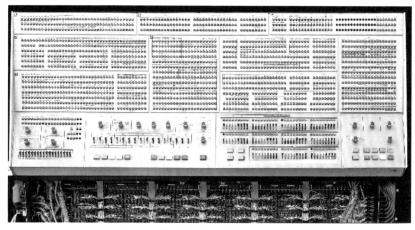

第一台集成电路计算机 IBM 360

到了 1970 年代，集成电路技术的引入大大降低了计算机的生产成本，计算机从此开始走向千家万户。1972 年后的计算机习惯上被称为第四代计算机，主要基于大规模集成电路及后来的超大规模集成电路，计算机的体积也随之大幅缩小。到

第一台个人计算机

了 1981 年，IBM 公司宣布第一台 IBM PC（PC 是 personal computer 的缩写，意思是个人计算机）诞生，用的是英特尔的微处理器。我们今天使用的个人计算机，包括笔记本电脑，都是从 IBM PC 派生出来的。个人计算机的诞生拓展了计算机的使用范围，从像 IBM 360 那样主要面向商用转变为主要面向家庭和个人。

从计算机的发展可以看出，计算机的体积不断缩小，性能不断提升，对我们的工作、生活产生了巨大的影响。如今我国移动互联网之所以这么发达，主要原因就是智能手机的普及应用。实际上，每一部手机都是一台微小的计算机，可以帮我们处理很多任务，包括社交、购物、买卖股票、拍照、观看视频、打游戏等。最重要的是，体积这么小的设备还能较快速地完成一些复杂的计算和数据处理，甚至可以安装 App，完成过去一台巨型计算机才能完成的弹道表计算。

我们现在常说，人工智能发展受三大因素制约，即算法、算力和数据，这三大因素都离不开计算机。算法是计算方法，需要依靠计算机程序编码来实现；算力是计算机的计算能力，也就是处理速度；数据则要

依靠计算机的海量存储。一代又一代计算机的发展及技术进步，为人工智能的发展带来更多的可能性。

二、人工智能发展史上的标志性事件

人工智能诞生 60 多年来，其发展并非一帆风顺，而是跌宕起伏，经历了三次波峰、两次波谷，我们现在就处于第三次发展高峰。

黄金时代	第一次低谷	知识期	第二次低谷	学习期	
人工智能诞生 推理式搜索 自然语言 西洋跳棋AI游戏 LISP语言 ……	问题与瓶颈 计算机运算能力不足 计算复杂度指数级增长 常识与推理进展缓慢 ……	专家系统获赏识 化学专家系统 DENDRAL 医学专家系统 MYCIN ……	多项研究进展缓慢 专家系统发展乏力 神经网络研究受阻 日本五代机研发失败 ……	人工智能复苏 深蓝战胜国际象棋大师 机器学习技术	人工智能爆发 深度学习 自动驾驶 AlphaGo战胜围棋职业九段棋手 人脸识别
1956年	1974年	1980年	1987年	1993年	2011年

人工智能发展的三次浪潮

人工智能的发展过程一波三折，其间有过多次亮眼的表现，涉及多个不同领域。在纷繁复杂的历史事件中，要想找到人工智能发展的高光时刻，我们只需记住三次重要的棋局。

第一次棋局发生在 1962 年，IBM 公司的塞缪尔在 IBM 7090 晶体管计算机（第二代计算机）上研制的西洋跳棋人工智能程序击败了当时全美最强西洋跳棋选手之一的罗伯特·尼雷，震惊了全世界。

西洋跳棋是一种两人棋盘游戏，棋盘格有 8×8 个，玩家的棋子沿着对角线走，可跳过敌方的棋子并吃掉它。西洋跳棋只有两种不同颜色的棋子，对弈双方各 12 颗，每颗棋子的用途是一样的，规则比国际象棋简单。

人工智能在西洋跳棋上的胜利,标志着它已初步具备和人一样完成某项智力工作的能力。

第二次棋局发生在 1997 年,IBM 公司的计算机程序深蓝战胜了当时的国际象棋世界冠军卡斯帕罗夫,再次震惊世界。

国际象棋的棋盘格也只有 8×8 个,不过对弈双方各有 16 颗棋子,即一王、一后、两车、两马、两象和八兵,具备不同功能与走法,共有 $10^{43} \sim 10^{50}$ 种棋局变化。尽管当时的深蓝并不具备自主学习能力,但由于它计算速度足够快,可以预判 12 步,而卡斯帕罗夫只能预判 10 步,因此深蓝找出了更好的应对策略,利用强大的计算能力战胜了人类。比赛结束后,IBM 公司宣布深蓝"退役"。

人工智能在国际象棋上的胜利,标志着它已具备在某个专业细分领域与人相当甚至更好的工作能力。

1997 年卡斯帕罗夫与深蓝的世纪之战

第三次棋局发生在 2016 年，谷歌公司研发的阿尔法狗（AlphaGo）击败了当时的围棋世界冠军——韩国职业九段棋手李世石。

AlphaGo 以 4∶1 战胜围棋世界冠军、职业九段棋手李世石

围棋的棋盘格有 19×19 个，远比国际象棋复杂，涉及的棋局变化有 10^{170} 种，比宇宙中的原子数量（10^{80}）还多，而且每次落子对棋局形势的影响也飘忽不定，单纯依靠计算机的处理能力和处理速度很难取胜。阿尔法狗采用的是机器学习算法，比当年深蓝使用的暴力搜索算法更有效。机器学习算法后来也被应用到人工智能的诸多新领域，如人脸识别、生物医药研究等。

人工智能在围棋上的胜利，标志着它已具备在某些复杂问题解决方面与人相当甚至更好的能力，而且该能力还具有一定的推广潜力。

记住了西洋跳棋、国际象棋、围棋这三次人机对战，也就记住了人工智能发展的三个关键阶段。

三、人工智能会取代人类吗

有人担心：随着人工智能的发展，机器越来越聪明，越来越强大，会不会有一天人工智能就彻底取代人类的工作呢？比如现在人工智能可以初步做到控制生产线上的机器，不需要工人的介入和操作，导致原来负责操作生产线的工人被迫失业。甚至还有人担心：如果有一天人工智能强大到可以在社会各层面完全取代人类的工作，它会不会突然觉得人类对社会而言是多余的，进而觉醒和"起义"，反过来控制甚至消灭人类？退一步讲，即使人工智能没有"起义"，始终乖乖地为人类服务，但被人工智能全面取代的人类是否会觉得自己的存在失去了意义和价值？

许多哲学家、科学家、社会学家曾围绕这一主题进行了广泛的讨论。这就涉及人工智能发展的两个不同方向：一是弱人工智能，二是强人工智能。

弱人工智能的目标是学习人类的部分智能行为，不断研制出更聪明的工具来帮助人类解决各种问题，但并不要求这些程序解决问题的思路和方法完全和人一样。举个例子，飞机可以像鸟一样在空中飞行，但它无须和鸟长得一模一样，也不必完全模仿鸟类的行为特征，只要能起飞、续航、降落就可以了。我们目前所能接触到的人工智能产品基本都属于这一类。强人工智能的目标则是研制出和人类一样聪明，甚至比人类更加聪明的人工智能程序；这些程序能以人类的方式进行推理和思考，甚至拥有自我意识，因此可以像人一样应对复杂环境下的各类任务。科幻电影中的机器人大多属于强人工智能的范畴，但目前这只是人类的梦想，还无法真正实现。

从人工智能目前的发展水平看，我们现在研发和接触到的所有人工智能产品，比如下棋机器人、扫地机器人等，基本都还处于弱人工智能的早期和中期，它们也许可以在某个细分领域的工作中表现得与人类相当甚至更好，但距离完全取代人类工作还相差甚远。一方面，现在大部分人工智能产品的工作能力与人相比还有明显的差距；另一方面，所有这些产品都只能解决模仿人类智能的一部分问题，比如下棋机器人只会下棋不会做饭，扫地机器人只能打扫地面卫生。至于强人工智能，就离我们更遥远了。尽管 2022 年底 ChatGPT 横空出世，让大家看到了与机器人直接对话的希望，但要让机器人理解现实物理世界并像人类那样互动，还有许多问题需要解决，至少 10 年内还较难实现。

所以大家可以放心，虽然人工智能技术近年来发展迅猛，但还远没有强大到能够取代人类，更不会控制人类。眼下我们可以安心地享受人工智能技术进步带来的便捷生活。

第二章
人工智能背后的原理与应用

大家可能会感到疑惑：人工智能这种热门的新技术和我有什么关系？为什么要去了解人工智能呢？其实，在不知不觉中，人工智能已经渗透到我们生活的方方面面。比如：疫情期间，很多地方都需要出示健康码和通信行程码，一些场所还会要求进行人脸识别和自动测温；开车进出小区、商场时，摄像头会自动识别车牌并予以放行；如果不小心闯了红灯，很快会收到交通违章的短信通知；觉得手机键盘输入不方便，可以直接手写输入或语音输入。以上种种都离不开人工智能技术的支持。下面我们将通过一些生活中常见的场景来对人工智能背后的原理及其应用作一个简单介绍。

一、扫描二维码是怎么回事

除了健康码和通信行程码以外，我们平时在菜场、超市和商场购物时还会经常扫描支付宝或微信支付二维码来付款。上面提到的这些码不管叫什么，是什么颜色的，看起来都像是由一些小方块拼起来的，这就是二维码。

二维码和商品外包装上的条形码类似，用来在计算机中代表一些信息。条形码由一排粗细不等的线条组成，线条的粗细代表不同的信息。一般来说，条形码只能存储一行字符信息，最常见的就是商品的编码。而二维码是由白色和其他颜色的小方块拼起来的一个平面，是基于平面

ISBN 978-7-5720-2339-2

9 787572 023392 >

二维码（左）和条形码（右）

的信息存储，因此得名二维码。与条形码相比，二维码不仅可以存储商品的编码和价格，还可以存储某个人的身份信息和医保卡信息、去过某地的状态及某个 App 或歌曲的下载地址链接等。简单地说，二维码类似过去图书馆里的图书小卡片，顺着卡片上登记的相关信息，读者就能找到具体的图书，二维码起到的也是这种作用，只是存储的数据信息更多，交互性和安全性更强。

在计算机的世界里，所有信息都用二进制代码 0 和 1 表示，无论是数字、英文字母还是汉字，最终它们存储在计算机里，都是由 0 和 1 组成的一串代码。

在二维码中，白色小方块代表 0，黑色小方块代表 1，连续的白色长方块代表连续的 0，连续的黑色长方块代表连续的 1。根据二维码中白色方块和黑色方块的位置及占用的空间，计算机可以识别出一长串由 0 和 1 组成的字符，再经过后台处理，就能明白这代表什么意思。

二维码的三个大方块

二维码周边三个固定的大方块有助于手机识别软件定位，这样无论我们从哪个角度扫描，软件都能识别出这个二维码的正确朝向，从而按正确的顺序读取数据。

除了可存储的信息较多以外，二维码与条形码相比还有很多其他优点。比如我们在超市结账，有时会遇到条形码因污损、起皱或表面有水读不出来的情况，而二维码即使部分污损、缺失、起皱也可以正常读取信息。

试一试用手机扫描左页上方的二维码，手机会自动打开跳至上海教育出版社公众号的链接，这个链接的信息就存储在这个二维码里。

在疫情期间，全国各个城市都推出了健康码应用，即在手机上查询14天内到过的区域，健康码会显示不同的颜色，以提示机主是否经过中高风险地区。不同地方的健康码名称不同，比如上海的叫作"随申码"，江苏的叫作"苏康码"，但它们背后的原理相同，都是先通过手机前置摄像头拍摄识别人脸信息，再联网获取途经区域，并显示在健康码上。

这些健康码就是一种特别的二维码，只不过另外增加了特殊的颜色及图像显示。如果系统验证这部手机的主人14天内未经过中高风险区域，二维码就会自动显示为绿色（用绿色小方块代替默认的黑色小方块），有些中间还会加上通过验证者的身份证照片信息。如果机主来自中高风险区域或密切接触过新冠病毒感染者，二维码就会显示为红色（用红色小方块代替默认的黑色小方块），从而在视觉上起到风险提示的作用。

对上海市民来说，"随申码"除了充当健康码，还有其他用途。

比如在卫生健康领域，"随申码"可以和医保电子凭证关联，患者无须携带医保卡或社保卡，只要带上手机到医院出示"随申码"，就可以完成挂号、就诊、付费等流程。在体育、文旅等领域，上海体育局将"上海市游泳场所泳客健康承诺卡二维码"与"随申码"关联，泳客到游泳场馆出示"随申码"，核验健康状态后即可快速入场；上海图书馆允许读者将"随申码"与外借读者证关联，即通过"随申码"就可实现免押金图书借阅。目前，"随申码"在交通、医疗、文旅、体育、信用、政

务服务、社会治理及求职招聘等领域的应用正在不断推广中，相信将来上海市民通过"随申码"就能享受到快捷便利、优质高效的生活服务。

除此之外，二维码在日常的扫码支付、身份认证、乘车买票、餐馆点菜等各领域也有着广泛的应用。

买东西时，经常可以看到商家挂出一个小牌子，让我们扫描二维码付款。目前手机移动支付主要有三种方式：一是通过支付宝，二是通过微信，三是通过银联的云支付。我们只需在手机上打开相应的应用扫一扫就可付款。

当我们扫描付款码时，微信或支付宝应用程序便可通过手机摄像头拍摄的照片读取二维码里的信息，和远程服务器进行通信，从而知道该向谁付钱及该付多少钱。

去医院看病时，我们大多数情况下可直接使用手机在自助服务终端上进行移动支付，即通过扫描二维码的方式付款。

进出地铁站时，将手机上地铁应用程序里的二维码对准地铁闸机的摄像头，当摄像头扫描地铁应用程序绑定的交通卡信息并读取数据后，闸机就会自动打开闸门放行。

添加微信好友时，对方的账号信息也隐藏在其二维码里，因此我们用手机扫描二维码就可以自动找到相关的链接进行添加好友的操作。

去餐厅点菜时，桌面上的二维码自动存储了桌号，当我们扫描二维码点开商家的菜单时，系统便自动记录下这一桌的桌号，并在下单后自动把点菜单发送到后厨，接着服务员会把相应的菜品送到这一桌，最后结账也是先扫描二维码确认桌号信息，再发起付款请求。

二维码还可能出现在各种广告上，比如：扫一扫商品包装上的二维码，就可以登录购物商城直接下单；扫一扫图书封底上的二维码，就可以访问本书出版社的官方网站或微信公众号查询相关信息。有时在微信里聊天时，我们会收到别人发来的二维码，长按二维码扫描后可打开各种链接。这时切记来历不明的二维码不能随便点开，一定要有安全意识，万一打开的是非法链接，我们的个人信息或财产很有可能被人盗取。

　　自从出现了二维码，我们无须在浏览器或应用程序里输入一大串信息，只要利用手机等设备上的摄像头读取并通过图像识别二维码信息，就能自动关联完成某项操作，生活变得越来越便利了。正如微信创始人张小龙所言，二维码已成为我们日常使用移动互联网的主要入口。

二、人脸识别是怎么回事

使用人脸识别系统解锁手机

近年来，人脸识别技术的应用场景越来越多，比如乘飞机、坐火车时的身份验证，许多新型手机和平板电脑的开机解锁，一些商场的自助结账，有时在手机上进行一些重要操作（比如绑定银行卡、打开健康码）也需要通过人脸识别来确认身份。

什么是人脸识别呢？简单地说，就是基于人的脸部特征信息进行身份识别的一种生物识别技术。一般先用摄像头对准人脸拍摄照片或几秒的短视频，然后利用人工智能技术提取照片或短视频中人脸的特征，将其和系统里预存的个人特征信息进行比对，如果比对成功，就说明当前摄像头前的人就是在系统中预存信息的那个人。人脸识别是人工智能图像识别和视频识别相结合的一项应用。

以前面提到的健康码为例，健康码就是通过人脸识别来验证身份信息的，但全中国有 14 亿人口，每个人的年龄、长相都不一样，人脸识别是怎么精准地从 14 亿人里找到我们的？这全靠人工智能算法进行图像识别比对。

回想一下在手机上申请健康码时，系统总是要求我们先输入身份证号码，有了身份证号码，就能在公安部全国人口库里查询到对应的身份证照片，再和现场拍摄的人脸视频进行比对（包括人脸信息及活体技术验证等），可以判断出两张脸之间的关联度，超过一定百分比，系统便会得出确认是本人的结论。因此信息比对的关键就在于人脸识别。

计算机首先识别出人脸区域，框出人脸所在的位置，然后分析脸颊、眉、眼、口、鼻等人脸五官及轮廓中的几十个甚至上百个关键点，与人口库里相应的照片信息进行比对，如果比对后发现相似度非常高，就可以判断是同一个人。

在人脸识别过程中，为了防止不法分子利用他人的照片或视频进行欺诈，系统还需要利用活体检测技术，比如通过摇头、眨眼、皱眉、张嘴等动作来判断摄像头前的是真人，而非照片、视频或 3D 面具模型。

应该说，在各种生物识别技术中，人脸识别最为直观，毕竟我们人类自己就是通过外表来识别他人身份的；而且，人脸识别的整个流程和人类大脑的处理流程也非常接近。除了人脸识别以外，现在我们的生活中还有许多其他生物识别技术，最常见的就是指纹识别，另外还有掌纹识别、虹膜识别等，这些技术的原理和人脸识别类似，都是通过照片或视频的方式提取个人的某些生物特征，将其与计算机中预存的特征比较，从而判断是否是声称的这个人。

人脸识别技术在日常生活中的设备登录、安保管控、金融支付、公安追逃等领域有着广泛的应用，已和密码、指纹一样成为日常身份认证的主流技术之一。

以苹果、华为等目前市面上主流个人电子设备公司为例，从 2019 年开始，这些公司销售的新一代手机和平板电脑大都可采用人脸识别来解锁。也就是说，以前我们需要输入密码或按指纹解锁电子产品，现在只需对着屏幕看一看。

如果你去乘坐高铁，会发现进站时有自动安检门，需要刷身份证件用摄像头验证身份后才能

成都天府国际机场登机口的人脸识别 AI 智能闸道

通过。有些小区或办公楼的入口现在也以人脸识别验证身份取代了过去需要随身携带的门禁卡或工作证。

有些手机支付软件，比如支付宝、手机银行应用等，也需要刷脸登录，即通过人脸识别验证身份。

人脸识别还有一项重要应用是抓捕逃犯。自从有了摄像头和人脸识别技术，警方的破案率显著上升。据报道，截至 2018 年 12 月底，香港歌手张学友的世界巡回演唱会已帮助警方累计抓获 80 多名在逃人员。

人脸识别虽然为我们带来了许多便利，但切记不能滥用，要注意保护好个人隐私。因为人脸识别和门禁卡、密码等验证身份的工具有所不同。门禁卡丢了可以补办，密码忘了可以重置，但人脸信息是我们每个人独一无二的生物信息，无法更换。一旦人脸信息被采集了，我们就难以知晓这些信息是否会被滥用、冒用或盗用，一些不法分子很有可能会利用盗取的人脸信息进行各种违法犯罪活动。

为了保护个人的隐私、财产安全，一方面，国家正在抓紧制定出台各种保护数据安全和个人隐私的法律法规，提高对采集和使用人脸信息的企业的约束、限制和管理要求，另一方面，我们使用人脸识别时要多加小心，留意采集信息的机构是否安全靠谱。除了必须要使用人脸识别的场合和应用场景以外，其他时候应尽量少开通人脸识别，以免个人信息被泄露。

三、车牌识别是怎么回事

人工智能技术不仅能识别人，还能识别汽车。现在越来越多停车场已不再靠人工，而是靠车牌识别来记录车辆进出的信息，用这种方式记录的停车管理信息更精确，而且驾驶员还可以通过手机查询或支付停车费。

日益普及的车牌识别

　　每辆车的外形尺寸都不一样,车牌所在位置也有所不同。人工智能技术识别车牌时,首先会对汽车正面的照片进行分析,确认车牌所在区域,然后逐个识别出车牌上的汉字、英文字母和数字。

　　汽车车牌可使用的字符较为有限,国内车牌由汉字、英文字母及数字组成,汉字为所在省(自治区、直辖市)的简称及少数特种车辆简称,英文字母只有 26 个,数字从 0 到 9,且车牌上每个字符的尺寸和样式都很标准,识别起来难度相对较小。车牌识别的难点主要在于车牌表面污渍、光线反射和角度等,这些因素将导致车牌被部分遮挡或变得模糊,而雨雾天气等则进一步增加了识别的难度。所以相关法律规定对汽车车牌的外观有明确要求,驾驶员不得以任何理由遮挡、污损车牌,否则将面临罚款及扣分的处罚。

车牌识别的过程中还有两大关键:速度和准确率。只有车牌识别得快,才能完成快速抬杆放行、记录行车轨迹等操作。

车牌识别技术在日常生活中的出入口管控、停车场内部管理、道路交通违章管理等领域都有着广泛的应用。

以单位、小区、商场停车场出入口管控为例,这些地方的访问控制管理系统、停车场管理系统会提前录入准入车辆的车牌信息,当车辆驶入识别区域时,系统会将识别出的车牌信息和录入的准入信息进行比对,以决定是否放行。

车牌识别为停车场管理带来的最大变化就是停车费收取方式的转变。以前停车场管理员需要通过手动记录车牌号码和出入时间来计算停车费,不仅费时费力,影响车辆进出的速度,还存在诸多风险和限制,比如计费时出现人为差错、车辆必须从同一地点出入等。有了车牌识别技术后,无论车辆从停车场哪个地点进入,其车牌号码和入场时间都会被即时传送到计算机系统后台;当车辆离开时,车牌识别技术再把读取到的车牌号码和离场时间传送到后台进行计算。通过这种方式,驾驶员可在停车场的任意出入口进出,离开时也可提前在手机上完成缴费操作,既不用担心计费出现人为差错,同时管理单位也节约了人力成本。此外,目前停车场出口成为新的拥堵节点,即便使用手机付费,也需要花 2~3 分钟才能完成停车、支付、抬杆后离开等一系列操作。全国多地已经推出 ETC 不停车收费模式,杭州还推出了信用付,即利用车主的个人信用直接抬杆放行,等车辆离开后再通过后台自动结算停车费,这些方式大大缩短了离开停车场所需时间,减少了交通拥堵,提高了通行效率。

　　除了用于停车计费，车牌识别还可用于判断车辆室内定位。很多驾驶员一到商场的地下车库（有些地下车库面积大，地形复杂，还有好几层）就像进了迷宫，经常记不清自己把车停在哪里，这时就需要商场智能停车助手来帮忙。一些商场的车库提供触摸屏、手机 App 等供车主反向查询车辆位置，只要输入车牌号码，系统就会自动显示车辆所在停车位。这是因为车库内安装了一系列摄像头，它们可以捕捉到途经车辆的车牌信息，确定行车轨迹，最终确定车辆停靠的位置。智能停车助手还会贴心地告诉车主如何从目前的位置到达停车位，驾驶员再也不用担心忘记自己的车子停在哪里该怎么办了。现在不少停车场还在尝试更智能的停车辅助系统，车主只需将车开到停车场指定位置，智能泊车机器人就会自动把汽车运输到空余车位。当车主需要取车时，只需在停车场的触摸屏上输入车牌号码，机器人就会把车辆自动运输到取车点。

　　车牌识别技术还是交通违章管理的基础。当交通违章自动拍摄系统发现某辆车有违章行为时，必须首先通过车牌识别技术锁定车辆信息，后续才能进一步操作并通知车主。下一节我们会谈到交通违章自动拍摄系统的相关内容。

四、交通违章自动拍摄是怎么回事

　　如果你平时不小心闯了红灯或停在禁止停车的区域，哪怕附近没有警察，也有可能很快收到手机短信，告知你已经交通违章了，需要自行去窗口或在手机 App 上接受处罚、处理违章。其背后就是交通违章自动拍摄系统，也就是俗称的"电子警察"在工作。

"电子警察"一般安装在路口或重要路段

什么是交通违章自动拍摄呢？简单地说，就是通过部署在道路上的摄像头，结合车牌识别系统，来判断车辆的交通行为是否违章。当车辆从摄像头视野中驶过时，摄像头会拍摄下含有车辆交通行为的几张图片或一段短视频，并将其传送到后台的计算机系统。每段视频本身相当于由每秒钟二三十张连续照片组成，此时再结合前文所说的车牌识别系统，哪怕每张照片上有多辆车辆，系统也能轻松地将某辆车分辨出来。接着，后台的计算机系统只需用人工智能技术对该车在连续照片上的行为进行分析处理，就可以判断出车辆是否存在交通违章行为，比如闯红灯、压实线、违章停车。交通违章自动拍摄是人工智能视频识别技术的一项典型应用。

以前，我们一般只能对车辆闯红灯的行为进行自动判断与处理，其他行为仍需要通过人工观看视频来判断，费时费力；而现在随着人工智能算法的加入和不断优化，我们不仅能对车辆非法占道、逆行、违停等多种违章行为进行自动判断与处理，还能对行人、非机动车的违法行为进行自动判断与处理；在计算机程序的帮助下，甚至还能自动发现、判断和处理以前人工难以发现的涉及多摄像头、大范围、长时间的交通违章违法行为。

交通违章自动拍摄的对象最初主要是机动车、非机动车及行人的交通违章违法行为。随着功能的日益强大，如今该技术往往还与交通路况、公共安全等管理系统相结合，在道路智能管控、非法营运打击、案件侦破等领域发挥着重要作用。

据报道，目前上海市已经能对 38 种不同的机动车、非机动车及行人交通违章违法行为进行自动发现、判断和处理，其中包括机动车违章违法行为 33 种，非机动车 4 种，行人 1 种。

针对行人的 1 种，主要是拍摄闯红灯的行为，即"行人不按人行横道信号灯标识通行"。

针对非机动车的 4 种，主要是拍摄闯红灯、逆向行驶、违反禁令标志和越线停车这 4 类行为。

针对机动车的 33 种，又可细分为各种原因违法占用车道、各种违章停车及行程过程中违法行为等三大类。其中违法占用车道这一类包括占用专用车道、公交车道、中运量车道、非机动车道，以及货车占用客车道、路肩等。违章停车这一类包括停在人行横道、网格线内，以及越线停车、滞留路口、高速路停车等。行程过程中违法行为这一类则包括违法鸣号、未交替通行、危险路段掉头、隧道内不开灯、货车等特定车辆未按规定安装侧面及后下部车身反光标识、连续变道、不礼让行人、加塞、逆向行驶、大弯小转、转弯不让执行、实线变道、闯红灯、超速、滥用远光灯、变道不打灯及违法掉头等，此外还可针对驾驶员、乘客及行驶中前排人员未系安全带和开车打手机等行为进行监控。

如前文所述，交通违章自动拍摄系统在发现和判断是否存在以下交通违章违法行为时，首先会将视频转成连续照片。以机动车闯红灯的判断为例，系统至少会记录以下三张反映闯红灯行为过程的图片：(1)能反映机动车未到达停止线的图片，并能清晰辨别车辆类型、交通信号灯红灯、停止线；(2)能反映机动车已越过停止线的图片，并能清晰辨别车辆类型、号牌号码、交通信号灯红灯、停止线；(3)能反映机动车向前位移的图片，并能清晰辨别车辆类型、交通信号灯红灯、停止线。记录的最终图片合成一个图片文件，且至少包含时间、地点、方向、车道和设备编号等信息。此外，系统还能记录机动车闯红灯行为对应驾驶人面部特征的图片。交通违章系统中自动生成的违章记录警示经人工复核后，车主就会收到违章通知。

随着技术的快速进步，视频信息系统的功能进一步拓展，可对道路交通情况进行更广泛的智能监控和管理。通过交通违章自动拍摄系统，工作人员可以很方便地得到当前路面上汽车的数量（交通流量）和每辆汽车的速度（推算道路交通拥堵程度），随后根据该信息，在交通指挥中心的系统中人工或自动调整可变车道的指示，调整智能信号灯的红绿灯时间，动态打开和关闭高架上下匝道，改变高架路况指示牌的显示等。当某个节点突发拥堵时，也可以及时查看系统前端传回的视频，确认拥堵原因；如果是由交通事故导致的，可以及时协调交警、路政、消防、救护等相关人员赴现场处理和疏导。此外，系统对路口滞留（俗称"拖尾巴"）、非法变道、加塞、非机动车和行人闯红灯等行为的监管，也大大提高了路面交通的顺畅度，减少了拥堵的发生。

五、语音识别是怎么回事

如果不会拼音，也能发消息吗？当然可以。比如大家最熟悉的手机应用微信一开始就是以语音消息为特色的。但在有些场合下，我们可能不方便直接播放语音消息，此时可以使用微信的"转文字"功能，也就是发送语音消息或收到语音消息后，按住这条消息，在弹出的菜单中选择"转文字"，系统会直接将其识别、转化成文字显示在屏幕上。微信的"转文字"功能就用到了语音识别技术。

语音识别为我们的生活带来极大便利

什么是语音识别呢？简单地说，就是利用人工智能算法将一段人类语音转变为对应的文本或命令的技术。乍一看，语音识别似乎比图像识别或视频识别简单得多，但在实际应用中，语音识别要做到完全准确并不容易。

语音识别的第一个挑战在于人们平时说话时的发音并不标准，涉及多种方言，而且往往有很多背景杂音要处理。这时往往需要针对语种（含方言）进行更多的采样，并对说话者的声音和背景杂音进行辨别，也就是弱化背景杂音，强化说话者的声音，从而对声音中正确的部分进行比对。

语音识别的第二个挑战是同音字词，比如"单价"和"担架"、"进来"和"近来"、"沉默"和"沉没"、"自述"和"字数"等，此时就要用到人工智能研究领域中的自然语言处理技术，语音识别是自然语言处理的主要应用之一。

所谓自然语言，指的是我们人类日常所说的语言，自然语言处理就是让计算机能识别和处理人类语言的技术。自然语言有很多种：除了普通话，上海话、广东话、温州话、四川话等也都算是自然语言；除了国内方言，英语、法语、德语、西班牙语、意大利语等国外的语言也都是自然语言。不同语言的发音规则不一样，语法不一样，词汇也不一样。计算机要理解这些自然语言，就必须知道它们有哪些词汇、如何发音、语法规则是什么。一般来说，比较简单的语句往往包含完整、明确的信息，比如"今天是星期五"或"小明是小学生"这样的句子，计算机都能较容易地分析出哪些是主语、哪些是谓语、哪些是宾语。分析出句子的不同成分后，计算机才能理解这句话的意思，整个流程和人类学习语言的规律类似。但有些句子比较难划分，比如"今天天真蓝"和"货拉拉拉不拉拉布拉多要看拉布拉多拉得多不多"应断句成"今天 / 天 / 真 / 蓝"和"货拉拉 / 拉不拉 / 拉布拉多 / 要看 / 拉布拉多 / 拉得 / 多不多"，所幸现在有了知识图谱，计算机可以从知识图谱中获取一些词汇的专有知识。"货拉拉"是目前一个货运平台的名称，"拉布拉多"则是一种狗的品种，一旦理解了这两个专有词汇，断句就变得相对容易了。

除了可以将语音消息转为文字，语音识别技术在语音输入、语音控制、语音客服等多个领域都有着广泛的应用。

现代智能手机上都默认安装了语音输入法，如果你想发文字信息但又不想用键盘打字，也可以选择语音输入法，这时系统会把你说的话直接转成文字，甚至还能自动加上标点并分段。语音输入法也适用于很多需要速记的场合，比如智慧法庭。过去法庭上都需要配备速记员，负责记录庭审全过程，现在有了语音识别技术，可以直接将庭审全过程录音存档，并自动转为文字。不过目前的语音输入法还存在一定的短板，比如在开始识别前，需要事先告诉系统要识别的是哪种语言或方言。虽然现在的语音识别技术已经可以识别单一的普通话、英语、法语、日语等语言和包括上海话、四川话、粤语等在内的多种方言，识别率也较高，但暂时还不支持多语言与多种方言掺杂使用的情况。如果识别前设置的是普通话，而用户在输入过程中夹杂了几句上海话，那么人工智能会试图把上海话部分也按照普通话的发音来识别，最后的识别效果可想而知。

语音控制也是语音识别的重要应用领域，现在的手机或智能音箱

一般都支持使用某个关键词（比如"嘿！Siri！"或"小度小度"）来唤醒语音助手，唤醒后你就可以直接通过自然语言来下达指令。随着人工智能的快速发展，现在的语音助手不但能接受简单的单词命令，还能处理更为复杂的要求，甚至能根据用户的习惯作出个性化的响应。除了手机语音助手以外，很多手机 App 使用场景，比如在淘宝搜索商品、在大众点评搜索饭店、在百度地图搜索地址都接受语音指令。包括比亚迪、特斯拉等在内的很多国内外汽车厂商也已经将语音控制作为车辆控制的重要入口，这样驾驶员就可以在手不离开方向盘的情况下完成很多原来需要通过按键或旋钮才能完成的操作，从而保证驾驶安全。

智能语音客服是目前较为常见的一种语音识别应用。如今无论你打保险公司还是电信公司的客服电话，首先应答的都是智能语音机器人，它会根据你的要求进行回复和转接。很多售后回访电话和促销告知电话也都是智能语音机器人打来的。这些机器人不仅理解用户所说的话，作出的反馈语音也越来越逼真，很多时候你如果不仔细听，都难以分辨是机器人还是真人在与你对话。智能语音客服的广泛应用大大减轻了人工客服的压力，但对老年人而言，智能语音客服模式也存在一些不便之处，比如要做多次选择，容易输入错误或找不到需要的功能菜单。所以现在很多运营商及公司都提供老年人简化模式，即一旦识别出来电机主是超过 60 岁的老年人，就会自动切换到人工客服模式，方便老年人操作。

某 App 口算题自动批改示例

值得一提的是，自然语言处理技术的研究和应用范围非常广，除了语音识别这一大类以外，还包括文字识别、机器翻译、自动文摘等多类应用。

第三章

生活中的人工智能

上一章结合日常生活中常见的一些人工智能应用对主要的人工智能技术进行了简单的介绍。可以看出，人工智能可以让计算机像人一样，对外界的图片、视频、声音进行识别，甚至能做得比人类更好。其实人工智能技术能为我们做的远不止这些，它正从多个方面快速走进我们的生活。

本章我们将通过一个故事来介绍人工智能技术在日常生活中的各种运用。故事的主人公老李今天准备上门拜访老友——老年大学的马校长，跟他讨论一下下次旅行的计划。老李早就听说马校长是个人工智能应用达人，下面就让我们跟随老李的脚步一起看看人工智能时代的生活是怎样的吧！

一、有人来访它知道

智慧门铃进入千家万户

老李刚靠近马校长家门口，就发现大门上的门铃提示灯自动亮起，还没等他按门铃，马校长便一边开门一边大声打招呼："老李，你好呀，欢迎光临寒舍！快进来吧！"

老李很纳闷："老马，我这还没

按门铃，你怎么就知道有人来了呢？"马校长爽朗地大笑道："因为我安装的是智慧门铃啊。"

智慧门铃是防盗门上的猫眼及门铃在智能化时代的升级替代产品。过去家家户户的防盗门上都安装了猫眼，我们可以在室内透过猫眼观察防盗门外的情况。但传统猫眼的使用存在局限性：一是外面光线较暗时看不清真实情况；二是必须凑近了才能看清楚，而老年人往往视力不太好；三是主人不在家时是否有外人来访，比如快递员敲门送货，或小偷等不法分子上门踩点，猫眼都没法记录。智慧门铃取代了传统的猫眼和门铃，可以看见、记录并智能识别门口停留的陌生人。智慧门铃一般带有红外人体感应摄像头，通过 Wi-Fi 和家里的无线网络相连。当有人靠近大门时，门内的显示屏会自动亮起，及时查看门外的情况。智慧门铃还会把相应的视频信息推送到手机 App 上，即便你不在家，但只要打开手机，就可以随时随地看到家门口的情况，并知道有谁来访过。如果你在手机 App 里设置了访客姓名，下次这位访客来访时，系统就能自动通过人脸识别认出他的身份。有些智慧门铃还可以和门锁联动，即当识别出的访客在门锁允许的清单范围内，就会自动开门。

二、随时恭候的管家

马校长把老李迎进门后，请他在客厅沙发上坐下，然后对着空气说了一句："小音小音，给我们放首小提琴曲《梁祝》吧。"只听一个声音欢快地答道："好的，已找到小提琴曲《梁祝》，现在为您播放。"还没等老李反应过来，客厅里的音箱便开始自动播放音乐。紧接着，马校长又

智能音箱是现代智能家居的重要组成部分

说了一句："小音小音，把客厅的纱帘拉开。"在老李诧异的眼神中，客厅里的纱帘慢慢向两边拉开，和煦的阳光直接照射进来，可以看到窗台上还有不少植物。马校长又继续吩咐说："小音小音，把客厅的空调温度调到 26 度。""好的！已把温度设置为 26 度。"伴随着欢快的应答声，空调出风量明显变大了。看到老李愈加惊讶的眼神，马校长指着一个音箱解释道："这就是我们家看不见的管家——智能音箱。"

这里的"小音"是一个语音控制的智能音箱，能够根据指令完成相应的任务。它不仅是家里的媒体中心，可以播放音乐、新闻、播客、天气预报等，还可以和其他智能家居系统连接在一起。作为家里的智能家居控制中心，它可以对其他的智能家居进行语音控制。当它和智能灯光控制系统相连时，它可以通过语音调节室内的照明系统，比如睡觉时帮你关闭灯光，看电视时帮你调暗灯光，看书时帮你调亮灯光。智能音箱也可以和智能空调相连，控制家里不同区域的温度，或和智能电视机相连，按照你的要求播放视频或节目。

除了用智能音箱进行现场语音控制，目前智能家居系统还可以用手机 App 来远程操作，比如：可以通过手机设定家里的环境温度，在到家之前开启空调；可以控制家里的其他电器，使智能电热水器提前加热完毕；控制家里的灯光，设定回家模式、夜晚模式或影音模式等，让居家生活更温馨、更舒适。

三、看书听书两相宜

用耳朵代替眼睛的"有声阅读"正在兴起

听了马校长的介绍，老李眼前一亮，赶紧追问："我原来就喜欢读书看报，但现在年纪大了，眼睛也没那么好使，如果都能换成听的可太方便了。"马校长介绍道："现在一些专门的音频软件和读书软件能把书里的内容转成声音读出来，不少软件除了能在手机上操作，还能通过智能音箱或智能电视来操作，可方便啦。"

马校长先介绍了一款专门针对音频产品的软件，它有点像过去的广播电台，只不过里面的节目都是提前录制好的，而且会不断增加，比如相声集锦、曲艺节目、时事新闻等。除了中文的音频，软件还提供了很多英语或其他语言的音频资料，可以看作是一个非常实用的音频学习资源软件。该软件还有专门的讲书栏目，因为一本书的内容很多，全部读完或听完比较费时，所以现在有专人负责对全书主要内容和案例进行拆解，相当于把书里的精华部分展示出来，听众如果感兴趣，可以再把相应的书籍找出来全文阅读或听读。

紧接着，马校长又打开一个专门的读书软件："刚刚以听为主，如果你还是习惯看，这种读书软件就特别好，相当于在你手机上装了一个图书馆，大部分书都可以查到，而且还可以设置大号字体和不同的背景颜色，特别方便老年人阅读。"说着，马校长向老李展示了他最近正在看的书，不仅左右滑动就能翻页，还可以添加书签和下划线，或做笔记、写备注；在不方便的时候（比如正在做家务时），用户还可以切换至听书模式，即由软件自动朗读书里的内容。

读书软件就是把书籍内容电子化，存在远程云端的服务器里，让读者随时查询、下载、阅读。它也使用了一些人工智能技术，比如前文提到的机器自动朗读便是自然语言处理及语音识别技术。软件首先需要分析一段话里的句读及词汇的发音，再用合成的人声将相应的内容念出来。目前大部分读书软件的机器朗读还无法做到带感情地朗读，因为它们较难辨析出文字中的情感色彩，随着将来科技进一步发展，读书软件没准就能像播音员一样声情并茂地朗读了。此外，读书软件也使用了推荐算法，通过收集、分析用户近期的阅读信息，有针对性地推送一些用户感兴趣的内容。比如你最近搜索并阅读了一些关于中国历史的书籍，读书软件就会从书库里找出其他口碑较为不错的相关书籍，展示在推荐阅读的列表里，方便你进行更深入、更广泛的学习。

四、看看这是什么花

老李注意到马校长家的阳台上种了很多植物，一片郁郁葱葱。"这些都是什么植物啊？"老李很好奇。"这都是老伴种的，我也不太清楚，不过咱们拍个照识别一下就知道了。"说着，马校长掏出手机，打开一

个软件，对着其中一株植物拍了张照，不一
会儿手机屏幕上就显示出了识别结果，原来
这是一株碰碰香。

　　当你看到一些很漂亮或很独特的花花
草草却不知道它们的名字时，你可以拿出手
机，打开诸如"形色"或"花伴侣"这样的植
物识别 App，对着植物拍一张完整的特写照
片，系统会立刻告诉你最有可能的植物名称
和种类及该植物的一些特点。不同植物的
叶片、花瓣具有不同的特征，科学家们就是
根据这些不同的特征来判断照片里的植物
属于哪类。不过由于拍摄时光线和角度不

分享识花结果

同，植物所处的生长阶段不同以及所处地理环境不同，照片中的植物特
征可能略有差异，因此有时候系统作出的判断不一定准确。就目前而
言，这些植物识别 App 基本上能认出国内绝大多数植物，但世界上其
他国家或地区的植物就不好说了，因为世界上的植物千千万万，国内的
植物学家们还无法收集到完整的数据来帮助系统判断。

五、扫地擦地它都行

　　老李见识到识花软件的效果后啧啧称奇，羡慕地说："你有智能音
箱这个管家，又有这些软件，生活真是太丰富了。我现在主要是觉得每
天要干的家务活太多，留给自己的休闲时间太少。"话音未落，一个圆
圆的小家伙嗡嗡地开进了客厅，开始在地板上忙碌地转来转去。"这又

拖地机器人会回到基站自动清洗拖布

是什么新产品啊？"老李好奇地问马校长。马校长介绍说："这是扫地机器人，可以自动打扫家里的每个房间，没电了还会回到基座自动充电，充完电继续打扫，完全不需要我们操心。对了，它还能切换成拖地模式，把家里的地板都拖一遍。

一旦发现拖布脏了，它还会自动回到基站去洗拖布，洗完后继续拖地。我们只需最后把基站的脏水桶换一下就行。平时我们都是趁不在家的时候让它干活，它就像田螺姑娘一样，等我们回家，地板已经打扫得干干净净了。"老李听完跃跃欲试："居然有这么好的家务帮手，回去我也买一个来试试。"

目前国产扫地机器人不仅品牌多样，品种丰富，销量及口碑也在国际上遥遥领先。除了具有传统吸尘器的吸尘功能以外，扫地机器人最重要的是增加了人工智能技术，可以自动规划清扫范围及路线，搭配激光导航、双目避障算法等，既能识别家具、墙壁之类的大件物品，也能识别拖鞋、袜子等矮小障碍物，做到精准避障。扫地机器人配备的人工智能算法，还能自动判

扫地机器人是智能家电的一种

断何时需要返回基站充电，并自动记录已清扫区域及未清扫区域。充电完成后，机器人会继续工作，直到将地面全部清扫完毕。

拖地机器人的原理和扫地机器人类似。有些扫地机器人也自带拖地功能，称为扫拖一体机。拖地机器人通常也有激光导航和超声波避障功能，可自动记录已打扫区域和未打扫区域。附带的基站式电动水箱分成污水桶和清水桶，机器人拖完一小片区域后，会回到基站自动清洗拖布，清洗结束后再重新回到刚才没拖完的区域继续工作。

六、外卖下单定时送

"除了打扫卫生，做饭现在也方便多了，有自动料理机可以帮忙。买菜、买水果可以用手机软件网上下单，直接送货上门。要是觉得洗菜洗碗麻烦，可以直接订成品或半成品的外卖，省下来的时间我们就能用来看书、听音乐，好好享受退休生活了。"马校长拿起手机一边演示，一边向老李介绍常用的外

老年人网购、点外卖渐成常态

卖软件，"有些主打餐饮外卖，有些主打生鲜外卖，在非高峰时间下单，30分钟内通常都可送达，既新鲜又方便。"

外卖软件也使用了人工智能的一些技术，比如前面提到的推荐算法会自动推送你可能喜欢的商品或你可能感兴趣的商家，从而引导消费。同时，外卖软件也包含路径自动规划算法，当你输入收货地址后，

系统会自动计算从商家地址到收货地址路上所需耗费的时间，以及推荐外卖员行驶的路线。通常来说，外卖员一次不只送一单，因此路径自动规划算法比单纯点对点的路径规划更复杂，系统需要计算收货地址与同一时间段下单的其他哪些客户所在位置比较接近，然后推送给已经接下相关订单的外卖员，让他们尽量在同一区域多送几单，以增加收入。而对平台公司来说，算法精确性的提高，也有助于减少外卖员在路上花费的时间，缩短顾客等待的时间。外卖软件除了要估算外卖员路上所需的时间外，还需要估算商家出菜所需的时间，如果是生鲜外卖，则还需要估算生鲜仓库从接到订单到准备好全部货物所需要的时间，这些工作都需要人工智能算法来帮忙。

七、想去哪里查一查

吃完午饭后，马校长和老李开始讨论起旅游的路线规划。老李提出，这次去的城市有个很著名的博物馆，可以考虑第一天抵达后先去参观一下，但不知从下榻酒店过去是否方便，时间是否来得及。"这个简单，我可以用导航软件查一查，看看从我们准备住的酒店去博物馆怎么走方便，路上要多久。"马校长在手机上打开地图导航软件，先定位到准备去的城市，然后输入出发地和目的地，只见手机上不仅显示出使用不同交通工具从酒店

导航软件是现代人出行必备的软件之一

到博物馆所需的时间和路线信息，还贴心地估算了搭乘不同交通工具所需的费用。两人发现乘地铁过去很方便，时间也很短，正好可以在行程中插入这一项。

导航软件采用人工智能技术中的自动规划算法，根据出发地和目的地之间多条路线、多种交通工具发车时间间隔、道路拥堵情况及出发时间等信息，来计算到达目的地所需的时间、路线和大致费用。导航软件还可以选择不同的交通方式，比如"打车""驾车""公交地铁""骑行""火车""飞机""摩托车""客车""货车"和"新能源"等，针对不同的交通方式，软件会建议不同的路线。如果选择打车，软件会预估不同车型的打车费用，同时呼叫不同类型车辆，比如出租车、快车、专车、七座车等。如果选择驾车模式，软件会预估到达目的地不同路线所需的时间、里程数及沿路有多少个红绿灯，你也可以设置出发、到达时间，预估将来某个时间段出发路上所需的时间。如果选择公交地铁模式，软件会显示有多少种公交、地铁换乘线路，以及到达车站和从车站到达目的地所需的步行时间与步行里程数，方便用户挑选最适合自己的出行方式。

八、走遍世界都不怕

得知届时需要自己购票坐地铁去博物馆，老李赶紧问马校长："你们老两口经常出国旅游，有时候还是自助游，你们不担心语言不通，没法和当地人交流吗？就算会一些英语，但你们还去了很多不讲英语的国家呢！"马校长笑了："确实，我和老伴都只会一些简单的英语，但我们很希望能走遍全世界，看看各地的风土人情。跟团游虽然方便，但很多时候不够自由，而且只能吃团餐。多亏了手机翻译软件和翻译笔啊，它们是我们随身携带的旅游好帮手。"

手机翻译软件使海外旅行畅通无阻

手机翻译软件采用的是人工智能的自然语言处理技术与图像识别技术。它们既可以用于文档翻译（先输入一大段文字，再将其翻译成想要的语言）、照片翻译（比如点菜前对着外文菜单拍照，将其翻译成想要的语言，如中文；或对着商店里的商品外文说明拍照，了解商品的信息），也可以用于语音翻译（对着手机翻译软件说中文，它会自动翻译成英语或其他语言并播放出来；或让对方说其他语言，如西班牙语，手机翻译软件会自动翻译成中文并朗读出来；购物时讨价还价就可以靠它来帮忙）、文字翻译（比较简单的单词或短句解释）。

九、想买什么扫一扫

听完马校长的介绍，老李安心了不少，原来出国旅游并没有自己想象的那么困难。突然，他注意到客厅的展示柜上摆着一个青花瓷花瓶，特别漂亮，便问马校长是哪里买的。"这是三年前去福建旅游时买的，具体是在哪里买到的已经记不清了。"老李觉得好生遗憾，马校长掏出手机说："不用担心，我们来拍个照扫一扫，现在网上什么都有，说不定还有同款等着你呢。"说着，马校长打开购物软件，对着花瓶拍了一张近照，果然页面上很快推送了一堆相关的花瓶链接，其中一款和马校长家的一模一样呢。

　　文中提到的扫一扫识别商品功能利用的就是图像识别技术。图像识别技术的应用非常广，如果你在外面看到什么商品想在网上搜索价格，直接打开购物软件扫一扫就行。此外，购物软件还使用了人工智

很多人习惯购物前先拿出手机"扫一扫"

能技术中的推荐算法。推荐算法会根据你日常购买、浏览商品的情况，分析你的购买习惯和偏好，智能推荐你可能喜欢的商品，并展示在首页，以吸引你的注意，激发购买欲。过去我们逛商店购物必须走到相应的柜台，现在购物软件的推荐算法直接就能猜出你可能会买什么，然后推送到你的眼前。你平时在网上购买的商品越多，浏览不同商品的时间越长，推荐算法就越了解你的需求，从而能够定制更准确的推送商品目录。

十、拍照以后修一修

　　紧接着，马校长招呼老李说："你难得上门一趟，我们俩合个影吧。"他们俩坐在沙发上，在手机的自拍模式下拍了几张照。然后马校长挑选其中一张教老李修图。老李才知道原来手机里有很多处理照片的软件，使用滤镜不仅可以除去或减少脸上的皱纹和斑点，让皮肤变得更光滑，还有美白和美妆的效果。马校长说，除了处理人像照片以

外，美颜软件也可以用来处理风景照或静物照，并添加文字和背景。经过处理的照片确实色彩更鲜艳，层次也更丰富，老李觉得自己又学会了一招。

美颜软件是利用人工智能的图像处理技术对照片进行美化处理的软件。使用美颜软件时，既可以选择智能优化模式，即让人工智能算法自动判断图片内容（美食、静物、风景、人物、宠物等），从而进行相应的智能优化，也可以选择调色模式，即手动优化，比如提亮照片色彩（亮度），增加或减少对比度，调整高光、暗部比例和饱和度等，还可以对照片进行锐化和清晰度等细节处理。当然，为照片添加滤镜也是一个不错的选择。添加滤镜相当于一键处理，就是把前面需要逐个手动调节的选项，通过不同的滤镜来进行综合调整，包括不同的人像效果、风光效果、油画效果、美食效果及电影效果等。此外，在照片上添加不同的文字和贴纸等，对照片进行编辑（剪裁、旋转和矫正）或添加边框等，能够进一步丰富照片的细节。

十一、短视频秀新生活

拍完照，马校长向老李展示他之前拍的短视频，大部分都是老年大学学员参加年度会演的记录，有画国画的，有写书法的，还有吹葫芦丝、打太极拳的，活动内容非常丰富。两人一边观看，一边交流，手机后台还在源源不断地推送其他类似的视频。老李终于明白，原来短视频软件不仅能上传、编辑、发布自己制作的短视频，还可以浏览世界各地其他人拍的各种精彩视频，关注自己喜欢的发布人，给喜欢的视频点赞、评论或转发给他人欣赏。

短视频软件和购物软件有点类似，都使用了人工智能技术中的推荐算法。它会主动收集用户的浏览数据，并自动分析、判断用户喜欢哪一类视频，然后有针对性地推送同类视频。除了观看视频，你也可以上传自己拍摄、制作的视频，这大大丰富了老年人的业余生活。根据国务院的要求，现在部分短视频软件有专门针对老年人的版本，大字体，去广告，功能相对比较简单，方便老年人操作。

十二、候车时间早知道

商量好出游事宜，老李准备告辞。马校长问："你准备直接回家吗？""时间还早，我打算再去上海博物馆转转。"马校长打开导航软件查询去博物馆的路线，发现附近就有一辆公交车可以直达，而且下一班车预计10分钟后到站，算上从出门到车站的时间正好。老李决定现在就出发，马校长陪他走到公交车站。没过多久，几乎就在导航软件预计的到站时间，公交车准时驶入站台。老李上了车，用手机扫码付了车费，和马校长挥手道别。

目前上海市区所有公交车线路均已实现实时到站查询。这一功能背后集成了人工智能、物联网、互联网、大

"上海公交" App 实时显示站点

数据等多种先进的技术。首先，每辆公交车上都安装了 GPS 定位芯片（地理位置定位芯片），该芯片可将公交车的实时位置通过网络发送给后台服务器，服务器上的分析软件再利用人工智能和大数据分析技术，结合公交车实时位置信息、当前道路拥堵情况、当前天气情况及历史行驶数据等多方面数据，自动分析、计算出公交车到达查询站点所需的时间。这对刮风下雨、寒冬酷暑等恶劣天气需要搭乘公交车的乘客来说特别方便，因为他们在家就能预估公交车还有多久才能到站，从而可以计算好出门所需的时间，做到从容等车。此外，目前上海部分公交车站也安装了显示公交车到站信息的屏幕，乘客们再也不需要苦苦思索车辆到底还要多久才来，出行安排也因此变得更有规划性。

第四章
新闻里的人工智能

前三章我们介绍了日常生活中常见的人工智能应用场景，其实人工智能更广泛的应用是在各行各业的生产中。我们平时经常在新闻中听到一些包含"智能"或"智慧"的名词，比如智慧医疗、智慧农业等，它们都是人工智能在各个传统领域中的应用；还有一些新概念，如自动驾驶、元宇宙、虚拟人等，虽然没有直接出现"智能"或"智慧"的字样，但核心技术其实也是人工智能。本章我们将挑选一些最近经常出现在新闻里的概念，为大家介绍一下它们是怎么回事及人工智能与它们的关系。

一、自动驾驶

近几年出现了很多关于汽车自动驾驶的报道，还有人说以后不会有专职司机这个职业了，难道自动驾驶时代真的到来了？

据报道，从 2020 年 6 月开始，上海、北京等城市先后宣布部分区域可以免费体验自动驾驶出租车，很多市民对此感到既兴奋又好奇。从新闻中可以看到，所谓的"自动驾驶"出租车上仍然配备了专业人员，也就是安全员。他们基本可以做到全程不碰方向盘，不操作油门和刹车，只有在遇到紧急情况时才会接管车辆。体验的乘客反馈称，自动驾驶的出租车行驶平稳，基本没有顿挫感，但在遇到其他

社会车辆强行变道"加塞"时，车上的安全员会高度警惕甚至接管方向盘。

可见在客流领域，我们目前尚未真正实现完全的无人驾驶。但在物流领域，无人驾驶物流车辆已经在试点的厂区、园区和校区等封闭场所投入实际使用，可在限定区域内以限定速度实现和社会车辆及行人的混合交通。

比如疫情期间，很多大学都引入了快递公司的无人驾驶物流车，以避免外来人员随意进出校园。快递员把包裹放到无人物流车里后，物流车可根据包裹上的地址自动行驶至相应的宿舍楼下，然后自动拨打电话通知客户下楼领取包裹。客户只要在物流车屏幕上输入事先收到的包裹编码，就可打开相应的柜门，取出自己的包裹。这样做一方面为大家就近领取包裹提供了便利，另一方面也避免了因人员聚集引发的交叉感染。

此外，某些工厂园区也引入了无人物流车用于在车间之间送货。这些物流车内搭载了全功能智能驾驶控制器，可通过融合车身周围的激光雷达、摄像头、超声波雷达等多类传感器的感知数据，结合无人驾驶的核心算法，实现在多种复杂工厂环境下的无人驾驶，不仅减少了作业接触，还保障了物流的畅通循环。

汽车自动驾驶当然也不是一蹴而就，一下子就能跨越到"无人"驾驶的。根据我国《汽车驾驶自动化分级》（GB/T 40429-2021）的分类原则，中国汽车驾驶的自动化等级目前划分为 6 级（从 0 级到 5 级），每个级别对应不同的汽车自动化驾驶水平。

无人物流车正在车间之间运输刚下线的汽车白车身＊（驭势科技供图）

0 级驾驶自动化（应急辅助）

由人类驾驶员完全掌控车辆，汽车驾驶自动化系统在行驶过程中可以感知环境，并在有可能出现前后碰撞等意外情况时，及时向驾驶员提供预警信号（如倒车雷达声音提醒），由驾驶员决定该如何处理。

1 级驾驶自动化（单项驾驶辅助）

以人类驾驶员为主驾驶车辆，驾驶员驾驶车辆时手不能离开方向盘，汽车驾驶自动化系统可以为驾驶员提供转向（方向盘控制）或加减速（油门刹车控制）两类辅助之一，但无法同时提供。像现在已经开始逐步普及的自适应巡航、车道保持辅助等功能都可以归入此类。在这个级别下，汽车驾驶自动化系统可以减轻驾驶员的驾驶负担，但驾驶员仍然需要全程参与车辆的驾驶。

＊ 白车身是汽车工业的一个术语，指刚刚焊接完成的车身骨架和外壳，因刚喷了防锈白色底漆而得名。

2 级驾驶自动化（组合驾驶辅助）

以人类驾驶员为主驾驶车辆，驾驶员驾驶车辆时手不应离开方向盘，汽车驾驶自动化系统可以同时为驾驶员提供转向（方向盘控制）和加减速（油门刹车控制）两类辅助。因此在高速跟车驾驶等特定条件下，系统可以完全代替驾驶员进行驾驶，但驾驶员仍然需要时刻保持对车辆状态的监控，以便随时接管车辆。在这个级别下，除了某些特定条件的情况外，还是要由驾驶员来负责车辆的驾驶。

3 级驾驶自动化（有条件自动驾驶）

以系统为主驾驶车辆，驾驶员驾驶车辆时手可以离开方向盘，汽车驾驶自动化系统可以完成大部分常规情况下的自动驾驶，但车上必须要有驾驶员或安全员的存在。当系统发现可能出现无法处理的情况时，会主动提醒驾驶员接管系统；当驾驶员发现紧急情况时，也可以主动接管系统。目前市面上提供无人驾驶出行体验的主要是这个级别的车辆，而宣称实现 3 级驾驶自动化的车辆所能支持的主要场景包括堵车场景下辅助驾驶、高速或城市快速路段的自动驾驶等。在这个级别下，除非出现系统失灵或系统设计外的突发情况，否则驾驶员基本不用介入车辆的驾驶，驾驶员所要负责的主要是对意外场景的响应和处理。

4 级驾驶自动化（高度自动驾驶）

以系统为主驾驶车辆，汽车驾驶自动化系统可以完成绝大部分常规情况下的自动驾驶，车上可以没有驾驶员的存在。简单来说，我们可以认为 4 级驾驶自动化的车辆已经能够实现在特定环境条件下的完全无人驾驶。这里的特定环境条件主要指固定园区、封闭半封闭高速公路等限定区域。在这个级别下，哪怕出现意外情况，系统也能做出尽量保证安全的响应，就像人类驾驶员所做的那样。目前，在一些试点的封闭式生产环境（如港区、厂区等）已经有 4 级驾驶自动化车辆在进行试运营了。

5 级驾驶自动化（完全自动驾驶）

以系统为主驾驶车辆，汽车驾驶自动化系统可以像人一样在任何可行驶条件下实现自动驾驶，车上可以没有驾驶员的存在。在这个级别下，系统具备自动达到最小风险状态的能力（这意味着车辆已经完全达到甚至超过人类驾驶员的水平，在同等条件下人类驾驶员也不可能比自动驾驶系统做出更好的操作）。目前，世界上还没有任何一个国家的任何一款汽车宣布已经达到了 5 级驾驶自动化的标准。大多数无人驾驶车辆都在 2 级至 4 级之间。从理论上来说，5 级车辆可以在开放的社会道路上与其他车辆和行人实现混合交通，且车上不需要有专门的驾驶员（安全员）存在，乘客也无须关心和操作车辆。

尽管无人驾驶已在全国多地展开试点应用，但要想使无人驾驶车辆达到 5 级驾驶自动化，从而在普通道路上完全取代人类驾驶员，我们还需要经历一个相当漫长的过程。其中包括汽车技术的进一步发展、道路设施的进一步更新（比如现在还需要车辆对红绿信号灯进行额外的视觉识别判断，最新的车路协同技术已经可以实现信号灯控制器与汽车间的信息交互，更加准确、高效、及时）、社会心理的适应及法律法规的变更等。前两个方面主要涉及技术和工程难题的攻克，后两个方面则需要在经济社会领域做出各种改变。目前产业界普遍预期至少还要花上十年的时间，才能实现整个产业的成熟和产品的普及，所以汽车无人驾驶目前还处于体验阶段，无法融入现实生活。

相比之下，类似地铁这样的轨道交通车辆因线路固定、行驶区域固定、运行时间固定，无人驾驶的技术难度就低了很多，现在已开始步入我们的日常生活。最早投入使用的是一些机场航站楼之间的连接线，如上海浦东机场 2 号和 3 号航站楼之间的连接线，随后是普通地铁线路。截至 2021 年底，上海已有多条新投入运行的地铁线路实现了无人驾驶，这些列车的驾驶室里没有驾驶员，整个运行过程中只有安全巡视员辅助观察。大家有机会可以观察一下上海地铁 10 号线、14 号线、15 号线、18 号线及浦江线的车头驾驶室，并乘坐这些线路的列车实地体验一番。国内其他城市也有部分地铁线路实现了无人驾驶，比如北京地铁大兴机场线、广州珠江新城线及成都地铁 9 号线等。

二、虚拟现实与增强现实

大家在逛商场时可能会发现一些围起来的区域，里面放着一些设备，上面写着 VR 游戏体验。这里的 VR 是"虚拟现实"的英文单词（Virtual Reality）首字母缩写。在这里，顾客只需戴上头盔或特制眼镜，花上几十元钱，就可以在虚拟世界中尽情地体验游戏。

VR 可以给人带来身临其境的感觉

虚拟现实是近年来出现的高新技术，它利用电脑模拟产生一个三维空间的虚拟世界，为使用者提供关于视觉、听觉、触觉等感官的模拟，让他们仿佛身临其境，可以及时且毫无限制地观察三维空间内的事物。

增强现实（Augmented Reality，简称AR）通过电脑技术，将虚拟的信息应用到真实世界，使真实的环境和虚拟的物体实时叠加到同一画面或空间，同时存在。

那么虚拟现实和增强现实有什么区别呢？简单地说，通过虚拟现实看到的场景和人物全是假的，是把你的意识代入一个虚拟的世界，就像看电视、电影时看到的画面，与你周边的现实无关；通过增强现实看到的场景和人物一部分是真的一部分是假的，是把虚拟的信息带入周边的现实世界，有点像现实与虚拟的画面合成。下面我们分别介绍一下这两种应用。

虚拟现实目前已在娱乐、购物、旅游、教育等领域得到较为广泛的应用。比如前两年非常火爆的任天堂 Switch 游戏机上的健身环游戏，

健身环游戏屏幕实景

就是通过两个控制器捕捉用户的动作，使用户能够以电视屏幕上的游戏人物形象，与虚拟运动背景和物品进行互动。当用户跑动和挥动健身环时，屏幕上的游戏人物也会跟着做类似的动作，让人感到自己是在游戏背景中跑步健身。但实际上这个画面里并没有出现用户及用户周边任何现实的元素，比如用户此刻的衣着形象、用户使用健身环时周边环境的真实景象，所以这只是虚拟现实。

再如房地产中介服务公司推出的虚拟现实看房服务也用到了虚拟现实技术。如果你在用软件找房时对某套房子感兴趣，就可以点 VR 按钮进入虚拟浏览界面。浏览时，你可以从任意一点开始，360 度地审视房间，并且在不同的房间之间无缝切换，仿佛你真的到了现场，从一个房间步入另一个房间。只有对某套房子真正感兴趣，你才需要去现场做最后确认，这大大节省了用户的时间和精力。

与这种看房软件类似，据《广州日报》2020 年 4 月 10 日报道，为更好地解决疫情期间司法拍卖竞拍用户实地看样不便的难题，深圳罗湖法院正式推出 VR 全景看样服务，将 VR 全景展示技

VR 看房让人足不出户也能挑选到心仪的房子

术运用于不动产的司法网络拍卖挂拍展示，从而实现 360 度无死角线上看样，让身在家中或远在异地的用户一次看个够，清楚掌握拍品的详细信息。

与看房类似的虚拟现实技术现在还被应用于旅游业，国内外已有不少旅游景点推出虚拟现实导览，让无法到达现场的游客也能领略自然风光或人文风情。比如故宫博物院官网目前已推出养心殿、灵沼轩、倦勤斋三处建筑的虚拟现实游览，我们可以在手机上直接观看，

故宫灵沼轩网上 VR 游览

不必戴 VR 眼镜，用手指触摸，就能模拟在现场按照参观路线游览的效果。故宫的其他一些文物也提供网上游览，可以放大细节，比现场观看还清晰。

有时候，哪怕游客实地参观了某些景点，但由于时间或现场条件的原因，许多细节未必能看得很清楚，此时虚拟现实游览也能发挥很好的辅助作用。比如敦煌莫高窟景点就推出了数字敦煌服务（如下页图所示），我们不仅可以在官网上虚拟浏览洞窟的内部细节，还能任意改变角度，放大或缩小，看起来比现场还要清晰。如果配套特制的 VR 眼镜观看，洞窟的游览效果会更逼真。

敦煌莫高窟网上 VR 游览

　　随着虚拟现实技术的发展，相信将来有一天我们足不出户就能轻松逛遍所有的景点和博物馆。

　　除了虚拟现实应用外，增强现实技术的各类应用也在慢慢走入人们的生活。2020 年 4 月，华为推出了基于增强现实的 AR 导航地图。和传统导航地图不同，AR 导航地图在手机屏幕实时拍摄的周边实景视频上叠加了地图导航信息。目前全国已有 4 个地方可体验华为的 AR 地图——敦煌莫高窟世界文化遗产、上海南京路外滩观光商业区、深圳万象天地及北京北京坊，但仍只有一部分华为手机支持该应用。

　　此外，增强现实技术也可用于各种生产领域，基于增强现实技术的远程售后服务系统就是一个典型的例子。目前，工厂生产线上各种自动化、智能化设备日益普及，设备复杂度不断提高，维修维护的难度也相应地加大了。如果设备出现故障后完全依赖设备厂商技术人员上门提供服务，那么受地理距离、排班时间及专业人员数量等各方面因素的限制，我们可能无法获得及时、有效、可靠的服务。而随着增强现实技术被引入远程售后服务系统，这种局面将得到较大的改善。

在基于增强现实技术的远程售后服务系统中，工厂的现场工程师需要佩戴特制的 AR 眼镜，这种眼镜带有摄像头，可以随时拍摄现场画面，戴上后眼睛前方将出现虚拟投影屏幕。设备厂商的远程技术专家通过网络连接可以看到 AR 眼镜所拍摄的现场设备状况实时画面，随后他们将相应的操作指南和步骤通过服务器传递到 AR 眼镜的虚拟投影屏幕上，这样现场工程师就可以一边查看维修步骤，一边根据远程技术专家的语音提示进行操作。后续技术专家还能根据接收到的实时视频来判断现场工程师是否进行了准确的操作，从而远程指导工程师顺利完成设备维修和故障处理的任务。目前，这种基于增强现实技术的远程售后服务系统已在多个工厂投入使用，它不但能帮助厂家及时排除故障，还减少了人员流动，为疫情期间的生产带来了更多便利。

增强现实技术在游戏领域也有着较为广泛的应用，已经催生了一批具有代表性的游戏作品。比如谷歌公司和任天堂公司前几年共同推出了一款手机游戏《口袋妖怪》（Pokemon GO），在游戏中打开 AR 设置，就可以让"宠物"融入周边环境与玩家进行互动。如右图所示，背景是真实的周边环境，蓝色的卡通游戏形象则是虚拟的，整张图看起来就像这个卡通动物出现在玩家身边的真实环境中，增强现实因此得名。

Pokemon GO "宠物" AR 互动

总的来说，虚拟现实和增强现实技术目前都还在探索阶段，相信随着 5G 技术的普及和网络的进一步提速，这两种技术都将迎来更为蓬勃的发展。

三、虚拟人

大家能相信吗？人工智能技术创造的虚拟人居然可以成为一名优秀员工？2021 年 12 月 28 日，万科董事会主席郁亮在微信朋友圈发信息称"祝贺"崔筱盼"获得 2021 年万科总部优秀新人奖"，同时公布她是万科首位数字化员工，于 2021 年 2 月 1 日正式入职。

长相精致的"崔筱盼"一下子就吸引了大家的注意，从工作行为到日常形象，"崔筱盼"整个"人"都是由算法生成的，很多万科员工都不知道平时和他们邮件往来的新同事居然不是真人。雇主万科对她好评甚多，"她很快学会了人在流程和数据中发现问题的方法，以远高于人类千百倍的效率在各种应收／逾期提醒及工作异常侦测中大显身手。而在其经过深度神经网络技术渲染的虚拟人物形象的辅助下，她催办的预付应收逾期单据核销率达到 91.44%"。

实际上，基于人工智能技术的虚拟人早已悄悄地在多个领域担当起职能角色，包括新华社虚拟主持人"新小微"、每日财经新闻虚拟主播"N 小黑"及江苏卫视跨年晚会上的虚拟歌手"邓丽君"等。

2020 年两会期间，一个由人工智能技术生成的 3D 虚拟主持人火了，这就是新华社与搜狗共同开发的虚拟主持人"新小微"。只要输入新闻文字，就能实时生成逼真的"新小微"主持视频。视频中，"新小微"口型精准，表情到位，不仅可以坐着播、站着播，做出各种姿势和动作，还可以随时换装或切换机位,专业技能与真人主持人几乎没什么差别。此外,虚拟主持人可以 24 小时不间断工作,非常适合应对各类突发新闻。

从外观上看,"新小微"也已经达到了非常逼真的效果,在不需要后期填补细节的前提下,外表立体感和动态交互能力几乎和真人无异,在特写镜头下,甚至连头发丝和皮肤上的毛孔都看得清清楚楚。

2021 年 12 月 20 日,小冰公司宣布数字孪生虚拟主播"N 小黑"与"每经 AI 电视"一同正式上线。"N 小黑"采用的是小冰公司推出的小冰虚拟人技术框架,在公布是虚拟人前曾悄悄地试运行 70 天,众多收看视频新闻的网友都没发现这不是真人。小冰公司开发的小冰框架不仅将虚拟人的整体自然度提升至与真人难以分辨的程度,还首次实现了视频采编播全流程的无人化操作,使"每经 AI 电视"成为 7×24 小时不间断播出的 AI 视频直播产品。

2021 年 12 月 31 日,江苏卫视跨年晚会为突出科技和创新,打破时间和空间的距离,通过人工智能技术"邀请"虚拟歌手"邓丽君"与真人歌手同台演唱了三首歌曲。台上的"邓丽君"肤色红润,面带微笑,仿佛依然是年轻时的模样,温柔的歌声勾起了台下观众的满满回忆。

尽管虚拟人的细微表情还不够到位,情感交互与真人差距较大,但这也让我们看到科技发展带来的新变化。未来,越来越多的虚拟人可能会进一步走入我们的日常生活,走上新的工作岗位。

四、元宇宙

如果说 2021 年科技领域最火爆的概念是元宇宙(Metaverse),大家一定不会有什么异议,这个概念正在成为互联网和科技行业寄予厚望的新产业方向，众多热门的商业和社会新闻都与它相关。

2021 年 3 月 10 日，Roblox 公司在纽交所敲钟，上市首日公司股价就大涨 54%。作为一家在线游戏公司，Roblox 之所以受到资本市场的竞相追捧，并不仅仅因为玩家可以在其提供的环境中自己设计开发小游戏，更因为其拥有所谓"元宇宙第一股"的头衔。8 月，字节跳动以天价收购了国内 VR 行业头部厂商 PICO 公司，也试图抢占元宇宙赛道。10 月 28 日，Facebook 创始人扎尔伯格更是直接宣布把公司改名为 Meta Platforms Inc.，这一举动被外界认为是彻底进军元宇宙的信号。11 月，新加坡某歌手自称在一个名叫分布式大陆（Decentraland）的元宇宙空间里花了 70 多万元人民币买了三块虚拟地皮。12 月中旬，耐克宣布收购了一家名叫 RTFKT 的虚拟鞋业公司，计划在元宇宙里卖虚拟运动鞋。

除了商业界，元宇宙在全球各地政府中也掀起了一股热潮。2021 年 11 月底，韩国首尔启动了一个五年计划，即要把首尔打造成首个元宇宙城市，预计从 2022 年起分三个阶段在经济、文化、旅游、教育、信访等市政府所有业务领域打造元宇宙行政服务生态，拉近各国投资商、游客与韩国传统文化的距离，其中第一阶段的总投资预计将达到 39 亿韩元（约合人民币 2087 万元）。2021 年 12 月，上海市经信委在发布的《上海市电子信息产业发展"十四五"规划》"前沿新兴领域"章节中，明确提出"加强元宇宙底层核心技术基础能力的前瞻研发，推进深化感知交互的新型终端研制和系统化的虚拟内容建设，探索行业应用"。2022 年 1 月，北京市经信局表示将推动组建元宇宙新型创新联合体，探索建设元宇宙产业聚集区。武汉市则在政府工作报告中提出，要加快壮大数字产业，推动元宇宙、大数据、云计算、区块链、地理空间信息、量子科技等与实体经济融合。无锡市滨湖区还发布了《太湖湾科创带引领区元宇宙生态产业发展规划》，表示将先行先试重点打造一批元宇宙示范场景，推动元宇宙在数字影视、智能制造、特色旅游、社会治理等方面的创新应用。

此外，元宇宙还入选了新华社公布的 2021 年度十大热词之一。根据新华社的定义，元宇宙是整合多种新技术而产生的新型虚实相融的互联网应用和社会形态，现阶段仍是一个不断演变、不断发展的概念。具体来说，元宇宙涉及 XR 扩展现实（XR 是 VR 虚拟现实、AR 增强现实、MR 混合现实等多种技术的统称）、区块链、云计算、数字孪生等多种新技术。它基于 XR 扩展现实技术提供沉浸式体验，基于区块链技术搭建经济体系（含数字产品认证），基于云计算提供全球漫游虚拟现实应用服务，基于数字孪生技术生成现实世界的镜像，将虚拟世界与现实世界在经济系统、社交系统、身份系统等方面密切融合，并且允许每个用户进行内容生产和世界编辑。由此可见，元宇宙不仅仅是网络游戏、虚拟现实，还囊括了现实世界中可能发生的商业活动、教育培训及生活社交等。

有人说，元宇宙是基于虚拟现实技术，由部分用户提供主要内容的多用户交互平台。有人说，元宇宙只是阶段性技术概念。有人说，沉浸感、参与度都达到顶峰的元宇宙，或将是互联网的终极形态，它拥有互联网发展历程中一直追求的沉浸式体验和超高人体交互水平，有望引领下一场技术革命。也有人认为真正的元宇宙并不是某一个空间或某一个技术概念，而是某一个关键时点，指的是未来人工智能变得比人类更聪明的那个时刻，也是人们的数字生活价值大于物理生活价值的那一刻。

其实，"元宇宙"这个词并不是 2021 年才诞生的，早在 1992 年，美国著名科幻大师尼尔·斯蒂芬森就在其小说《雪崩》中这样写道："实际上，他在一个由电脑生成的世界里：电脑将这片天地描绘在他的目镜上，将声音送入他的耳机中。用行话讲，这个虚构的空间被称为'超元域'。"书中描述了一个昔日的软件工程师通过 VR 设备进入虚拟空间，和其他人的游戏化身及系统虚拟人互动的场景。小说里的"超元域"是一个虚拟的城市环境，用户们戴上耳机和目镜，找到连接终端，就能以虚拟化身（Avatar，通常指游戏里的身份）的方式进入由计算机模拟、与真实世界平行的虚拟空间。作者创造的 metaverse 这个词，由前缀"meta"和词根"verse"组成，"meta"在希腊语中意味着"超越"，"verse"则是"宇宙"（universe），在 2018 年出版的中文版小说中被翻译为"超元域"，现在已约定俗成地译为"元宇宙"。

小说里描写的情景可以参考电影《头号玩家》《失控玩家》《阿凡达》等，都是人类借助某些脑机连接设备或 VR 眼镜及手持感应设备，在虚拟空间中和其他玩家及系统虚拟人互动。与现有的互联网游戏及聊天不同，用户可以全身心地沉浸在这些虚拟空间中，并能通过自身活动改造虚拟空间或在虚拟空间中谋生，比如在虚拟空间中创造经过区块链认证的数字产品（用户形象、用户服饰、建筑物外形、家居设施及电子绘画作品等）。

虽然元宇宙作为一个新概念，其外延和内涵还在不断摸索中，但要想实现元宇宙，离不开人工智能技术的支持。相信元宇宙的发展将为人工智能技术提供更有效、更灵活的展示方式，最终为我们的工作和生活带来翻天覆地的变化。

五、机器人

大家看过《小灵通漫游未来》吗？这是叶永烈先生创作于 1961 年的一部科幻小说。在这部小说里，作家提到了机器人铁蛋，它既可以陪爷爷下棋，也可以帮忙烧饭，是家里的"厨房主任"。这部小说出版于 1978 年，距今有 40 多年，当年作家畅想的未来生活如今大部分都已经变成了现实，比如可随时进行视频通话的"微型的半导体电视电话机"（手机）、效果逼真的环幕立体电影、数字显示的电视手表（电子表）、太阳能发电及农业无土栽培技术等。机器人铁蛋的部分绝技也不再停留在纸上，比如我们有了可以碾压人类世界顶尖职业围棋大师的阿尔法狗，也有了可以自动烹饪的机器。虽然既能下棋又能煮饭的复合型机器人目前尚未出现，但我们已经有了各种各样用途广泛的机器人，下面就让我们来简单地了解一下。

机器人虽然名字中带一个"人"字，但并非每一个都和人类一样拥有大脑和四肢，它们形态各异，有的甚至只是电脑里一个看不见摸不着的下棋软件。由于它们可以代替人类从事某些工作，因此被称为"机器人"。

目前国际上对于机器人还没有统一的分类标准，我国一般把机器人划分为两大类：一类是工业机器人，一类是服务机器人。

工业机器人主要用于工业生产领域，包括焊接机器人、搬运机器人、喷漆机器人、装配机器人及打包机器人等。

服务机器人主要用于家庭生活及服务领域，可分为个人、家用服务机器人和专业服务机器人。其中，个人、家用服务机器人有宠物玩偶类机器人、扫地拖地机器人、擦玻璃机器人及残障辅助机器人等，专业服务机器人有场地机器人（比如送餐机器人、迎宾机器人）、医用机器人（各种手术机器人）、物流机器人、水下机器人及军事用途机器人等。

机器人按照形态和运动方式，又可分为仿生机器人（模仿人类或动物的外形）、外骨骼机器人（穿戴在人类身上用于辅助运动）、机械臂（工厂流水线上的大多数机器人都是这种形态）及 AVG 地盘机器人（比如扫地机器人、送货机器人、消毒机器人等）。

本书前文已经介绍过扫地机器人，下面我们来了解一下生活中比较常见的其他几种机器人。

仿生机器人，顾名思义就是模仿生物外形或特性的机器人。世界上较著名的仿生机器人是美国波士顿动力公司的 Atlas 机器人和 Spot 机械狗。

Atlas 是人形机器人，其四肢采用液压驱动，身高约 1.8 米，体重150 千克，配备激光测距仪和摄像头作为视觉系统。Atlas 可以完成跑、跳、跨越障碍、前滚翻甚至腾空 360 度旋转等高难度动作，并保持稳定的平衡。但它目前还处于研究阶段，不确定将来会用于哪一商业领域。

Spot 是一条机械狗，也配备了激光测距系统，可以"看"到各种障碍物并顺利避开。Spot 有 4 条机械腿，每条腿的关节位置和接触地面的部位都有很多传感器。其步行速度高达 1.6 米 / 秒，相当于每小时步行 5 公里，接近人类的步行速度。Spot 可以在崎岖不平的路面行走，轻松爬坡及上下台阶，还能承担 14 公斤的负重，通过结冰的路面，工作

温度为 −20℃ ~ 45℃。如今，Spot 机械狗已逐步应用于现实生活中，新加坡政府于 2020 年 5 月起正式试点使用 Spot 机械狗在公园里巡逻，其主要任务是通过语音播放提醒人群保持社交距离，同时借助摄像头及后台软件评估公园里的人数。

Atlas 机器人　　　　　　　　　　　　Spot 机械狗

目前国内也有与 Spot 类似的仿生机器人产品，比如浙江大学机器人团队推出的"绝影"等。

除了前文提到的这些自主工作的机器人，还有一类机器人被称为外骨骼机器人，它其实是一种可穿戴的盔甲，能够辅助人类开展工作。外骨骼的本义是指虾、蟹、昆虫等节肢动物体表坚韧的骨骼，如虾壳、蟹壳等，可保护和支持生物内部柔软的结构。

人类穿上这些外骨骼机器人后，能够轻松拿起或背起重物，或者长距离辅助行走。目前外骨骼机器人主要用于物流、医疗、军事领域。

2020 年 4 月，《新闻晨报》刊登了一张外卖骑手背着三个外卖箱行走在街头的照片。由下页图可知，这些箱子垒起来近乎一人高，但外卖骑手称并不吃力，因为腿部和腰部的分量都被分散了，只是背部有些负重，

"外卖钢铁侠"现身街头

像背着一台笔记本电脑。

外骨骼机器人通过拟人化的机械结构设计，融合多个传感器及液压系统，可帮助穿戴者背负重物或辅助移动。

据报道，2020 年 12 月 17 日凌晨，嫦娥五号返回舱在预定地点着陆，航天科工二院 206 所研制的搬运外骨骼机器人助力回收分队成功完成返回器搜索回收任务。搜索作业人员穿戴上外骨骼机器人后，原本需要两个人共同搬运的设备如今一个人就能轻松完成，大大降低了体能消耗。据悉，这款外骨骼机器人负载能力达到 50 公斤，负重搬运时可以省力 60%，减少人体能耗 30%，动作识别准确率大于 99.9%，可在 −40℃ ~ 70℃ 正常工作，耐受湿度最大为 98%，标配可更换电池可持续工作 4 小时。

随着外骨骼机器人设备的普及，未来老年人也能轻松搬起重物，外出徒步也不用担心走不动了。

六、智慧酒店

我们入住酒店通常需要拿着证件到前台办理，遇到旅游旺季还不得不排队等待。近年来，在上海、杭州等地都出现了智慧酒店。智慧酒店有什么不一样呢？"30 秒入住，0 秒退房"这句口号准确地概括了其特别之处。

30 秒入住，也就是无须到前台排队等待人工服务，抵达酒店后直接在自助入住机上刷一下身份证，通过人脸识别完成身份核验，酒店自助系统会自动匹配住客的订单，完成房间选择、押金支付、房卡领取等操作。0 秒退房，意味着只需把房卡插入自助机就能完成退房操作，同时住客还可通过手机 App 等方式开具电子发票。

过去酒店前台人工办理入住手续，一个住客至少要花上 5 分钟，若恰逢大型旅游团入住，住客可能要等上半小时甚至更久，服务体验很差。现在的智慧酒店则可事先为大型旅游团提供住客信息登记，让每个住客实现 30 秒入住。由此可见，智慧酒店不但提高了入住办理速度，解决了入住和退房高峰时段的排队问题，而且通过数字化服务减少了人群接触，让住客在疫情期间住得更安心踏实。

送餐机器人

酒店自助入住系统还能与健康码联动，为安全防疫提供溯源信息，同时 24 小时为住客提供服务。当住客打电话到前台索要洗漱用品或取外卖时，酒店的机器人会根据要求自动规划路线甚至自动搭乘电梯，把相应的物品送到指定的房间，然后返回前台充电。

当你入住智慧酒店后，房间里的一切都可以通过智能音箱来操控，仿佛你的身边有一个看不见的贴心管家。无论是调节房间灯光的明暗、打开或关闭窗帘、调节空调温度还是打开电视搜索节目，你都可以用语

音进行控制。你还可以通过它直接点餐，送餐机器人会把你点的菜直接送到房间门口。可以预见的是，过去需要人工来完成的一些工作都将慢慢地移交给人工智能。

最近，一些智慧酒店开始为住客提供智能健身镜。从外观上看，智能健身镜就像一面普通的镜子，但打开电源后，镜面会变成屏幕，在显示周边环境的同时显示计算机投影出来的内容。智能健身镜提供了一种新的健身方式：用户可以对着镜子练习各种动作，跟着镜子中的不同课程进行训练，从而达到健身的效果。

智能健身镜目前在国内外市场上已有十几个品牌，同时越来越多的厂商正在不断加入赛道，挖掘用户健身的新需求。智能健身镜让用户既能看到自己的动作，又能看清屏幕上的内容，镜子自带的摄像头负责采集用户的动作姿态，通过智能运动追踪系统进行人体动作捕捉、实时纠错和数据分析等，自动识别、纠正用户的动作并及时反馈，就像有真人教练在旁边指导一样，让你足不出户就能享受到私教的课程。

如果有机会的话，你不妨去上海、杭州等地体验这些智慧酒店，提前享受人工智能带来的便利服务。

七、智慧机场

除了酒店之外，广泛应用人工智能技术的场景还包括机场。

2019 年 9 月正式投入使用的北京大兴国际机场就是一个典型例子。作为全球规模最大的机场之一，北京大兴机场一期总占地面积超过 27 平方公里，相当于 63 个天安门广场，它拥有世界上面积最大的单体机场航站楼，其美学、设计及应用的科技都超出了人们的想象。整个屋顶与地面的连接只用了 8 根柱子，屋顶使用的上千块玻璃中没有两块是一模一样的。甚至在大兴机场投入使用之前，世界各地的媒体就给予了极大的关注，英国《镜报》惊叹，北京的这个新机场就像从科幻电影里走出来的。

那么大兴机场到底有什么特别之处呢？

首先，它的外形很特别。从空中俯瞰，大兴机场犹如凤凰展翅，这种结构设计是为了让旅客能够从中心迅速抵达四周。细细看去，大兴机场中间犹如凤凰的脊背，是旅客办理值机和行李托运的主航站楼，相当于 25 个标准足球场的大小，它的内部空间足够大，甚至能完整地装下一座水立方。主航站楼四周呈放射状，依次排开的五条指廊是旅客通过安检后休息及登机的地方。最中间的那条指廊连接着工作区和服务区，配备了酒店等服务设施。相比首都机场 T3 航站楼的一字形设计，大兴机场的"五指廊"设计大大缩短了旅客的步行时间——从出发层到最远的

北京大兴机场航拍全景

登机口只有 600 米，步行仅需 8 分钟。除此之外，机场中还随处可见许多最新的人工智能技术，如智慧停车、智慧值机等。

相信大多数人都有这样的烦恼：到机场停车，光找停车位就得费好大劲，好不容易找到空位，还不一定能停进去，停好车后还得努力记住自己把车停在哪里，说不定还得拍张照帮助自己记住停车位编号，这样取车时才能准确找到停车区域。但在大兴机场，你只需把车交给智能停车机器人，具体流程如下文所述。

在大兴机场智能停车点，你可将车直接开入宽敞明亮的特定停车站，而不用自己到处找车位。停车站设计合理，通常位于停车场入口处，大大减少了车主的步行时间；无论是 SUV 还是小型车，车门都能轻松打开，不会剐蹭到旁边的车辆。你在停车站确认好车辆信息后，拿上停车凭证即可离开，后续的停车工作可交由智能停车机器人完成。要取车时，你可通过手机 App 或自助机预约取车时间与取车位置，一键取车，轻松便捷，当然你也可随时取消或更改预约。当你来到预约的停车点时，车辆早已静静等候——你不必苦苦寻找车辆停放的位置，也不用排队等待车库管理人员帮忙安排取车，只需拿出车钥匙驾车离开，所有环节都由停车系统自动安排机器人操作完成，省时、省心又省力。

停车机器人随时随地在车库等候，并能帮你快速停车（丽亭智能供图）

左页图是智能停车机器人正携带一辆汽车找到合适的位置。它不仅拥有超强大脑，可提供激光定位、实时通信、障碍检测、车辆检测等技术手段，还拥有强劲的臂弯，能自动识别车辆大小，做到随车变形、最佳匹配。整个停车系统对场地要求低，改造难度小，可大幅提升场地空间利用率，目前已在大兴机场 P2 停车楼地面一层投入使用。

据报道，东方航空公司已在大兴机场引入人脸识别系统，乘客通过刷脸值机机器便可办理登机手续，所有信息都会发到手机上，不仅省去了打印纸质登机牌的环节，还减少了重复排队的时间，大大提高了办事效率。

人脸识别系统还被用于乘客航班信息查询电子公告牌。以前乘客要费好大劲才能在电子公告牌大屏幕上找到自己的航班信息，现在摄像头可以通过智能识别乘客，自动将其所搭乘的航班信息显示在屏幕上。

大兴机场也引入了 AR 导航技术。过去我们通过手机软件叫车，司机会提前打电话联系乘客到某层停车场的某个位置等候。如果乘客对机场内部布局不熟悉，往往要花费较多的时间看指示牌，才能找到与司机约定的上车地点。而现在开启手机叫车软件的 AR 导航功能，手机屏幕上会同时显示摄像头拍摄到的周边实景及虚拟的指示牌，乘客只需跟着屏幕上 AR 导航指示的路线走，就能准确无误地找到与司机约定的地点。

八、智慧医疗

智慧医疗涵盖了诸多方面的内容，总体可分为诊疗过程和管理智能化与诊疗技术和设备智能化。

据报道，2021 年，上海针对当前大部分医院普遍存在的患者诊前等候时间过长、就医体验度差等问题，要求医院借助数字化转型，打造智慧医院数字化多种示范场景，实现诊疗过程和管理智能化，从而优化就诊流程，缩短等候时间，改善患者体验。计划打造的智慧医院数字化示范场景包括：精准预约，减少就诊等候时间，缓解患者"挂号难"；智能预问诊，医患信息提前互动，提高诊疗效率；智慧急救，争取急症抢救宝贵时间；等等。

医院里随处可见的自助终端设备

精准预约可以实现在线预约在线支付，部分常见病、慢性病复诊患者还可以上互联网医院在线就诊；过去挂号按上午、下午时段区分就诊时间，现在通过大数据及人工智能技术，可以分析测算专家接诊的历史数据，将号源时段优化至 1 小时内，减少患者的诊前无效等候时间。

智能预问诊则是为了解决患者诊前等候时间长、医生接诊时间短的难题，让患者事先通过基于移动互联网的预问诊服务系统，回答一系列与病情症状等相关的问题，形成患者主诉后传输到医院的信息系统。这样做一方面有效利用了患者的诊前等候时间，另一方面进一步释放了医生的问诊时间，有助于医生快速准确地判断病情，提高诊疗效率与质量，加强患者信息互联共享，提升医疗服务智能化水平。

在智慧急救方面，可在救护车接到患者的第一时间，将患者体征及病情等大量生命信息数据通过 5G 通信技术实时传送至医疗机构，使急诊急救信息在救护车和医院之间互联互通，无缝联动，有助于急诊医生提前制定抢救方案，准备好急救措施及相应的医疗用品，同时按照医疗付费"一件事"的标准，实现院前接诊、检查、转运、车上医保结算、院内急诊急救一体化协同服务，让急诊危重症患者"上车即入院"。

诊疗过程和管理智能化还体现在就医诊疗过程数据的电子化，以及在此基础上的数据互联互通互认等。

过去我们去医院看病，都要携带纸质病历本和社会保障卡（或医疗保障卡、医院就诊卡等），医生需要在病历本上手写病史、诊断意见及检查项目等，通常这些手写字体都难以辨认。随着近年来医院信息系统的

建设，越来越多的医院开始采用电子病历，医生只需在系统中填写病情介绍及开药、检查情况，然后直接将病历本放入专门的打印机打印输出，这样病人再也不用担心看不懂医生的字了，复诊或转诊时，其他医生也能对之前的诊疗过程了如指掌。从 2021 年起，上海医保患者依托随申办小程序，还可以实现电子病历卡和电子出院小结随时查看，患者就医只需要随身携带手机，通过随申办小程序获取电子医保卡，就可以完成挂号、就诊、收费、查看电子病历、查看检查结果、获取电子发票等操作。在不久的将来，上海医保患者只需用智能手机访问随申办移动端就可查询调阅本人历史诊疗信息，真正做到"两手空空去医院，随时随地可就医"，医疗机构也可以查询调阅就诊人员的近期就医信息。

除了电子病历系统以外，医院还有实验室信息管理系统和医学影像信息的存储系统，这两个系统主要用于解决各种检查化验结果的信息化存储与检索，比如验血、验尿、验便的各种指标结果数据，以及 X 光片、CT 检查、核磁共振检查等影像数据。在上海市的"便捷就医服务"数字化转型计划中已经提出设想，三年内实现全市所有公立医院机构检验检查信息互联互通互认，患者 14 天内在平级或上一级医疗机构做过相同的检查检验项目，医生工作站将主动弹出"互认提示页面"，提醒医生查阅相关检查检验项目的互认结果，避免不必要的重复检查。检验检查结果互认体系可以进一步简化患者就医环节，减少就医等候时间，改善患者就医感受；减少患者抽血、X 光射线辐射等检查检验对人体的潜在损伤；降低患者诊疗费用，部分缓解群众看病烦、重复检查等问题。

在诊疗技术和设备智能化方面，人工智能技术也大显身手。2021世界人工智能大会健康高峰论坛上，中国科学院院士、复旦大学附属中山医院院长樊嘉介绍了中山医院的智慧变革之路。樊嘉院士指出，近年来，人工智能技术在健康场景的供给和需求方面都发挥了显著作用，数字化、网络化、智能化的设施和解决方案正在与医疗场景加速融合。以中山医院为例，人工智能技术最早在病理、超声、影像、核医学等领域布局试点，目前则开始在肝脏、脑疾病等领域进行应用开发和探索。医院已经构建了包括早期肝癌筛查、肝病知识图谱、影像智能算法、诊疗方案推荐、预后分析等多个模块的肝癌人工智能应用市集。

据樊嘉院士介绍：肝癌起病隐匿，早期无特异性症状，约8成患者首诊已进入晚期，失去根治性手术机会；即便实施根治性手术治疗，5年内仍有60%~70%患者出现转移复发；肝癌患者5年总体生存率仅为7%左右。如何高效评估病况进展，预测治疗效果，是一个长期以来的难题，目前医院通过综合评估患者病理图像、临床数据，基于人工智能与大数据技术，经过数据分析、特征提取、特征筛选等多个模型，可筛选出具有临床统计学意义的特征，通过数据模型给出评分，评价病人危险程度/病情严重程度，预测患者生存率、复发率，这对医生的临床诊断、制定治疗方案等都有着重要的意义。

据新闻报道，人工智能技术在影像识别领域的应用也进展迅速。

CT扫描的影像图片过去都由影像科医生人工解读，查阅速度慢，数据量大，每个病人光一个部位的扫描图片就有几十上百张，医生看时不仅需要极大的耐心，还得注意观察各种疾病的图像症状表现。人工智能读片系统则可以不知疲倦地搜索大规模医疗影像图片的信息，速度相当快，准确率也较高，既可作为医生诊断的辅助支持，也可作为医学院学生和年轻医生的培训工具。

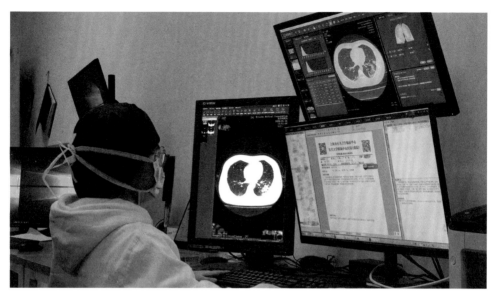

依图智慧 CT（杨浦东 / 摄）

而在过去三年的疫情期间，人工智能技术从一开始就被应用于新冠感染影像识别，通过人工智能全肺定量分析技术，为临床专家提供基于CT 影像的智能化新型冠状病毒性病灶定量分析及疗效评价等服务，更高效、准确地为临床医生提供决策依据，助力疫情防控。

目前被不少医院引入的手术机器人也用到了多项人工智能技术。作为手术机器人的先驱和代表，达芬奇手术机器人包括外科医生控制台、床旁机械臂系统、成像系统三部分。主刀医生在手术室无菌区外，通过控制台操作手术室内的器械臂及摄像臂，获取手术视野并进行手术，手术室内的助手医生负责更换器械和内窥镜，协助主刀医生完成手术。成像系统通过三维高清内窥镜生成患者体腔内三维立体高清影像，将手术视野放大了 10 倍，使主刀医生更容易把控操作距离，手术的精准度大大提升。

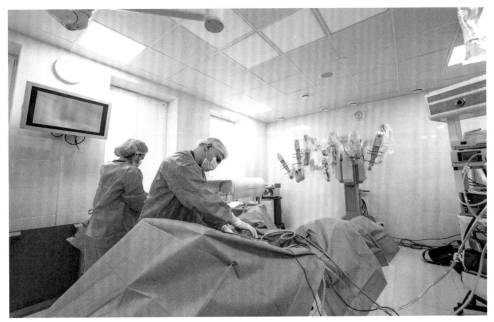

手术机器人在工作

目前国内多家科研机构、厂家也在和医院合作研制类似的手术机器人。比如下图这款国产骨科手术机器人,它可利用人工智能技术定制适合骨科脊椎手术的空间算法,结合手术室移动 C 臂机拍摄的脊椎影像,通过机械臂和定位器将手术器材移动到最佳位置和最佳角度,比传统人工手术更精确,而且创口较小,目前上海已有好几家医院引入了这套手术机器人设备。

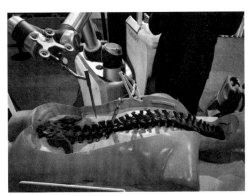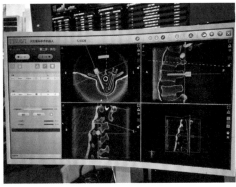

国产骨科手术机器人

除了癌症诊断、影像读片、手术治疗等领域以外，与老年人关系比较密切的康复领域也是近年来人工智能技术应用的热点，比如前面提到的外骨骼机器人目前已用于上海部分医院的康复治疗，下肢功能障碍患者可在外骨骼机器人的帮助下重新站立行走，慢慢恢复肢体原有的运动功能。

目前，上海多个示范性社区医院已建设了康复中心，并配备了由康复医师、康复治疗师、康复护士、中医医师组成的专业康复服务团队，配置了以康复机器人为代表的智能化先进设备，融合先进康复理念，运用现代康复技术，可提供各类社区常见病多发病康复服务项目。例如，浦东新区花木示范性社区康复中心已完成门诊康复治疗区、康复病区等的综合改造，配置了上下肢康复机器人、腕关节康复训练系统、踝关节智能康复机器人、Redcord 悬吊康复训练器、电动移位机，以及外骨骼、步态与平衡功能训练评估系统等先进设备，充分应用信息化技术提高康复服务效率，为辖区居民提供集门诊康复、病区康复、功能社区康复于一体的综合社区康复服务，满足社区居民"家门口"整合型康复服务需求。

九、智慧物流

如今快递越来越发达，为我们的生活带来许多便利，动动手指，网上下单，送货上门，就算是超市、商场，现在也提供快递到家的服务，买完东西再也不用自己大包小包地搬回家了。2021 年我国快递业务量已达到 1085 亿件，较 2020 年同期增加 255 亿件，增长幅度为 25% 以上，新增社会就业人口 20 万人以上，支撑网络零售额接近 11 万亿元，其中农村地区收投快递包裹总量也已达到 370 亿件，预计 2025 年可在具备条件的地区基本实现"村村通快递"。据统计，中国已成长为世界上发展最快、最具活力的新兴寄递市场，包裹快递量超过美国、日本、欧洲等发达经济体总和，而这些海量增长的快递包裹背后离不开智慧物流的支持。

智慧物流涵盖的范围很广，以拟运输的商品为核心，包括订单对应商品的自动分拣、自动打包、自动分发、自动配送及物流状态的自动更新和跟踪。

菜鸟仓库里的忙碌景象

智慧物流的第一步是根据订单，在仓库中对商品进行自动分拣，归集为若干个可发送的包裹，自动判断和安排每个包裹的去向，并实现包裹的自动打包、封装、贴面单等工序。我们首先要确认每个包裹的"身份"，即从哪里来、到哪里去，这些信息都记录在电子面单上，扫描面单

上的条形码及二维码，就可查询到这个包裹的具体信息。现在越来越多的物流公司在处理大件和高价值包裹时，选择用非接触式的 RFID 来代替扫码操作，从而又快又准确地进行批量操作；而在处理小件物品及终端配送时，考虑到成本和方便程度，基本都选择使用二维码来进行扫码识别。

确认了包裹的"身份"后，下一步就需要将包裹分拣、归入不同的物流路线。过去，物流公司分拨中心流水线需要大量分拣员，他们必须先查看包裹上的地址信息，再凭记忆和经验确定包裹下一站到达哪个网点，这个过程至少需要 3～5 秒。现在，智能路由分单系统在扫描电子面单获取信息后，通过地址识别判断下一站，实现包裹和网点的精确匹配，准确度超过 98%，分拣用时下降到每单 1～2 秒，分拣过程也完全通过机器实现。

交叉带分拣系统和 AGV 分拣系统是近年来较为主流的自动化物流分拣设备。交叉带分拣系统，即利用直线动力驱动的小车队沿着环形轨道高速运动，将贴有标签的货物经由扫描器读码并分拣。大家还记得前面提到的智慧机场吗？我们托运的行李箱就是进入了交叉带分拣系统，扫描器只需扫描行李箱上的标签，就能判断出应该送到哪个航班的飞机上。

AGV 分拣系统则由供件人员把需要分拣的货物放置到 AGV 小车上，小车经过条码扫描系统识别出包裹目的地，并由调度控制系统规划路径。小车行驶路径相对自由，无须预铺轨道。当小车到达目的地格口时，可自动卸载货物，实现货物分拣。由于 AGV 分拣自由度更大，路径算法可通过软件优化升级，因此目前使用 AGV 分拣系统的物流公

司越来越多，比如京东物流、菜鸟裹
裹等都先后使用了相关产品。

地狼搬运 AGV 小车

京东物流目前在北京通州有一个
大型的智慧机器人仓库，仓库内的货
物搬运及分拣都由机器人完成。右图
是京东的地狼搬运 AGV 小车，看起来平平无奇，有点像扫地机器人，但
它其实是一个不折不扣的"大力士"，可以托起整个货架，并在智能仓库
系统的引导下自动规划路线，将货架送到指定位置。还有一种机器人负
责自动分拣。只要将包裹的电子面单朝上放在机器人身上，它经过扫描
器后就知道该把包裹送到哪个分拣管道，并自动规划送达路线。有了这
些机器人，分拣仓库的效率大大提高，整体的物流速度也得以提升。

据报道，快消服装连锁品牌优衣库在日本东京的一个仓库也启用
了一套自动化系统，由机器人负责仓库内的服装检查和分拣工作，这是
优衣库的第一个"机器人仓库"。优衣库表示，这套系统能取代 90% 的
人力，并且可 24 小时不间断运行。

智慧物流不仅可应用于民用快递包裹的分拣和投递，还可应用于
各种生产环境。以目前一些医院部署的自动发药系统为例，每个发药
机可储存 12000 盒药，8 秒钟便可调配一张处方，平均每小时可调配
450 张处方。过去，患者取药必须排队，后台药师负责调配处方，前台
药师根据处方核对药物再发到病人手中，药师需要来回走动寻找并拿
取药物，由于工作量大，难免出现患者等待时间较长的情况。如今使用
自动发药机后，患者一完成缴费，发药机即可根据处方信息，自动分配
发药窗口，流程合理，取药手续简化，发药准确率提高，发药速度提升，

患者等待时间缩短，药师也因此可以把更多精力用于临床用药指导，这些都依赖于智慧物流的支持。

自动药房

十、智慧农业

过去一提到农业，我们首先想到的就是靠天吃饭——传统农业需要耗费大量的劳力，非常辛苦，收成还难以保障。现代农业除了大规模引入机械化作业和化肥，还在人工智能技术的改造下进一步提升效能。目前人工智能技术在农业领域的探索主要集中在三大应用场景：智慧农业数据服务、智慧无人农机具和智慧种植养殖。

智慧农业数据服务目前在国外已应用得越来越广泛，这是一个综合数据服务平台，通过采集农场地理位置、土壤和气象气候等方面的信息，结合待种植作物的特点和历史经验数据，为农场主的农业生产提供从生产规划、种植前准备、种植期管理到农产品采收、仓储物流的全过程决策管理建议和支持。影响农作物生长的因素非常多，包括土壤、气候、水分、品种、病虫害和杂草等，农作物产量就是这些因素作用的综合结果。在现代农业领域，人们不能再仅凭自己的经验做出决策，而需要依靠科学、概率和专业分析得出优化决策。比如要想知道某块土地何时种植及种植哪种作物最好，就需要对已知的作物特性、气象气候和光照强度的历史数据、土壤中水分和肥料的分布情况等进行综合分析，推算出预期结果后再做决定。而各种数据的获得往往离不开科学技术和方法指导。比如要想获得土壤成分数据，就需要在农场的每个地块上设定一个取样点，对土壤进行分析测试，因为土壤成分会随着种植活动不断变化，所以每隔一段时间就要重新作一次分析和评估。又如要想获得农场区域的气象气候数据，就需要将数据服务平台和气象数据软件接口对接，根据农场的地理位置坐标读取农场范围内的实时信息，包括温度、湿度、风力和雨水等。有了智慧农业数据服务提供的这些信息，农场主能够很好地预测和判断每个地块的播种、耕作和收获时间，并决定何时喷洒农药。

目前国内的智慧农业数据服务尚处于起步阶段，还需要通过各地推广试点来积累数据及经验。遇到恶劣天气等不可控因素将严重影响农业生产，带来经济损失；丰年丰产则容易遭遇价格低迷；灾年歉收又容易造成市场供应不足，导致"姜你军""蒜你狠"等新闻的出现。如果拥有了全国种植数量、病虫害情况、天气历史及预报等海量农业数据，再通过人工智能技术对这些数据进行分析，获取农产品预计产量和销量等预测模型，农户就可以事先掌握市场供需预期，以需促产，提高农产品供给与市场的匹配度，降低生产风险，提高盈利能力。希望将来我们能通过智慧农业数据服务，实现从农产品种植到加工销售的互联网化，帮助农民解决"种什么、怎么种、谁来种、怎么卖"等问题，为农业生产插上高科技的翅膀。

智慧无人农机具是在传统自动化农机具的基础上，通过加入人工智能支撑的控制软件，使农机具实现无人操作。下图是山东济宁无人驾驶自动收割机作业的一个实例。这种自动驾驶收割机集成了全球卫星定位、自动导航、电控液压自动转向、收割机割台自动控制、作业机具自动升降、油门开度自动调节和紧急遥控熄火等多项自动化功能，可根据设定的轨道自动作业，行距误差不超过 4 厘米，工作效率和质量较以往的人工驾驶收割机明显提升。

无人驾驶自动收割机

已投入生产的智慧无人农机具实践包括无人机植保、无人机播种和农机自动驾驶等。无人机植保是指使用农业无人机进行农林植物保护作业，目前国内最广泛的应用之一就是农药喷洒。植保无人机 1 小时能够喷近 100 亩地，人工 2 小时才能完成的 1 亩地无人机 1 分钟不到就能喷完。以棉田为例，实现机械采棉需要喷洒落叶剂，但采用人工方式的成本较高，拖拉机开进棉田又会因碾压导致棉花减产，此时就可以使用无人机喷洒，不仅节省了人力，降低了成本，还能做到实时、均匀、准确，最大限度地降低渗入地下水的农药剂量，农药使用量也能减少 40%～50%。

除了喷洒农药，无人机还能帮忙播种。无人机直播就是目前一种新兴的水稻播种技术，具有效果好、作业效率高、种植成本低等特点。在智慧播撒系统支持下的无人机采用全自主飞行作业模式，可根据事先设置好的航线自动作业。一个人可以用手机同时控制多架无人机，每架无人机可一次性装入 20 斤种子，播种面积达到 5 亩，精度控制在 10 厘米以内。无人机通过气流喷射实现播种目的，这样做不仅能够更好地保护种子，播种的行距也非常精准。与传统技术相比，无人机播撒有三大优点：一是减少了育秧、插秧环节，把种子直接播撒在稻田上；二是播种费用更低；三是节省种子，传统插秧法平均每亩地需用 7～10 斤种子，而无人机播撒每亩地只需用 4 斤种子。

汽车自动驾驶是当今一大热点，但你也许不知道最早的车辆自动驾驶系统就出现在农机上。自动驾驶农机上安装了卫星导航系统、自动驾驶系统、计算机设备和必要的传感器，可根据设定的轨道自动作业。而有了人工智能软件的支持后，自动驾驶农机的作业质量将大大提高。比如，智慧自动播种机可根据土地的松软程度自动调节播种动作，使所有种子处于同样的深度，单粒播比率提高至 99%。农民还能实

时监控播种机的准确率，一旦出现大面积异常，可以马上停机、检查、纠正播种机。以前，如果播种机出了问题，农民很难立即发现，只能被动接受损失；现在，智慧农机可及时对异常情况进行报警定位，甚至会主动停止作业，及时帮农民挽回损失。

智慧种植养殖需要结合物联网技术，通过传感器获取相应的环境数据，比如自动获取温度信息、湿度信息，自动分析土壤里的营养元素含量、空气中的二氧化碳含量、大棚里的光照度等，再通过人工智能技术和大数据分析，对采集到的这些传感器数据进行综合分析，根据农业经验作出判断，驱动相应机械采取措施，如给大棚里的植物喷水、滴灌农药、自动通风、自动卷起遮光棚等。

在智慧种植方面，以山东寿光智慧蔬菜大棚为例，经过改造的蔬菜大棚内安装了人工智能和物联网技术支持下的新型智能补光灯、滴灌机、喷雾器、放风机、水肥一体机等设施。智能补光灯就是在缺乏光照（比如阴天、雨天，甚至晚上）的情况下，仿太阳光全光谱，增强远红外波长照射，促进植物生长。智能滴灌机则可以根据大棚土壤温湿度监测仪反馈的数据，在需要用水时自动滴灌。智能喷雾器能够在空气湿度降低到一定程度时自动打开喷雾，促进植物生长。智能放风机主要用于调节大棚内的二氧化碳浓度，方便植物进行光合作用。智能水肥一体机则集灌溉与施肥两项工作于一身，按土壤养分含量和作物所需肥料的规律和特点，将可溶性固体或液体肥料配兑成的肥液与灌溉水混合在一起，利用可控管道系统，通过管道和滴头形成滴灌，均匀、定时、定量地浸润作物根系的发育生长区域，使主要根系所在土壤始终保持疏松和适宜的含水量。

大棚浇水系统正在运行中

在智慧养殖方面，为解决饲养人力成本高、非洲猪瘟导致产能下降等问题，国内某养猪场利用 5G、物联网及人工智能视频图像分析等技术打造智能养猪解决方案，实现了智能环境控制、疾病防控、精准饲料喂养和繁殖优化。方案通过 5G 网络将猪舍监控摄像机和环境传感器（包括温度、湿度等）采集的数据传输到管理平台，管理人员可以远程掌握猪舍环境指标，减少人猪接触，降低疾病发生概率。

在该智能养猪场中，每头猪从出生起就有自己的档案，管理人员可对饲养过程数据做到全程关注和记录，如猪的品种、日龄、体重、进食情况、运动强度、频次、轨迹等，从而对猪的行为特征、进食特征、料肉比等进行分析。猪舍轨道巡视机器人逐一经过猪只，通过猪脸识别系统和视频图像分析，智能测量猪只的体重和背膘数据，为猪只繁殖优化和精准饲喂提供决策依据，目前智能测重和测膘的准确率已达到 97%。红外测温和语音识别技术还能自动监测猪只的体温和咳嗽声，一旦出现异常，后台管理平台将会第一时间收到疫情预警。

戴 RFID "耳钉" 的生猪

目前，还有多家互联网公司都在使用人工智能等技术来提升生猪饲养水平和经济效益。

随着 2023 年以来大语言模型技术的爆发式发展，人工智能正进入新一轮高速发展期，对我们工作、生活的影响也将更为广泛而深入。与 AI 新科技同行，大家准备好了吗？

图书在版编目（CIP）数据

老年人触手可及的AI新科技 / 上海市老年教育教材
研发中心编. — 上海：上海教育出版社，2023.10
ISBN 978-7-5720-2339-2

Ⅰ.①老… Ⅱ.①上… Ⅲ.①人工智能－基本知识 Ⅳ.
①TP19

中国国家版本馆CIP数据核字(2023)第201226号

责任编辑　周琛溢
装帧设计　周　吉

老年人触手可及的AI新科技
上海市老年教育教材研发中心　编

出版发行　上海教育出版社有限公司
官　　网　www.seph.com.cn
地　　址　上海市闵行区号景路159弄C座
邮　　编　201101
印　　刷　上海颛辉印刷厂有限公司
开　　本　700×1000　1/16　印张6　插页1
字　　数　70千字
版　　次　2023年10月第1版
印　　次　2023年10月第1次印刷
书　　号　ISBN 978-7-5720-2339-2/G·2071
定　　价　45.00元

如发现质量问题，读者可向本社调换　电话：021-64373213